LEÇONS DE CHIMIE

(MÉTALLOÏDES)

LEÇONS

DE

CHIMIE

(MÉTALLOÏDES)

A L'USAGE

DES ÉLÈVES DE TROISIÈME ET QUATRIÈME ANNÉES
DE L'ENSEIGNEMENT SECONDAIRE DES JEUNES FILLES

ET DES

Aspirantes au Brevet supérieur

PAR

Mme L. MARGAT-L'HUILLIER

ANCIENNE ÉLÈVE DE L'ÉCOLE DE SÈVRES
AGRÉGÉE DE L'ENSEIGNEMENT SECONDAIRE DES JEUNES FILLES

QUATORZIÈME ÉDITION

PARIS

LIBRAIRIE VUIBERT

63, BOULEVARD SAINT-GERMAIN, 63

Enseignement Secondaire des Jeunes Filles

(Programmes officiels.)

CHIMIE

TROISIÈME ANNÉE

Eau. — Oxygène et hydrogène.
Air. — Oxygène et Azote. — Combustion.
Carbone. — Gaz carbonique. — Oxyde de carbone.

QUATRIÈME ANNÉE

Revision du cours de 3e année.
Lois des combinaisons chimiques.
Nomenclature.
Acide azotique. — Gaz ammoniac.
Soufre. — Gaz sulfureux. — Acide sulfurique. — Acide sulfhydrique.
Phosphore.
Chlore. — Acide chlorhydrique.
Les trois carbures d'hydrogène fondamentaux. — Gaz d'éclairage.

Extrait du rapport sur les modifications apportées au programme.

La suppression de la silice, des notions sur les acides, les métaux, les bases, les sels, les matières organiques, qui figuraient en 3e année, ramène la première partie du cours à une étude surtout descriptive des corps principaux choisis parmi les métalloïdes et leurs composés.

———

Note. — Beaucoup d'élèves des lycées de jeunes filles préparant l'examen du brevet supérieur, un certain nombre de corps supprimés dans le nouveau programme des lycées, mais figurant dans celui du brevet ont été étudiés au moins sommairement; ils ont été imprimés en caractères plus petits. Il en est de même pour quelques compléments qui ont paru pouvoir être utiles à celles des élèves qui ne veulent pas se borner strictement à l'étude des matières inscrites à leur programme.

LEÇONS DE CHIMIE

(MÉTALLOÏDES)

CHAPITRE I

INTRODUCTION

1. Matière. Divers états des corps. — Les sciences physiques ont pour objet l'étude de la matière. On appelle *matière* ce qui compose les corps, c'est-à-dire tout ce qui tombe sous nos sens.

Les corps se présentent à nous sous des aspects très variés et des états différents ; il en est que l'or voit, que l'on peut toucher, ce sont les *solides*, comme le fer par exemple, et les *liquides*, comme l'eau ; les premiers se distinguant des seconds parce qu'ils ont une forme, tandis que les liquides n'ont pas de forme par eux-mêmes et prennent la forme du vase qui les contient.

Les corps peuvent se présenter sous un troisième état : l'*état gazeux*, qui, souvent, ne nous est révélé directement ni par la vue, ni par le toucher, ni par l'odorat ; mais que l'on peut cependant rendre sensible : ainsi l'air qui nous entoure, incolore et dont l'odeur ne peut nous impressionner puisque nous l'avons toujours respiré, devient visible quand nous plongeons dans l'eau un verre vide, re tourné ; si nous inclinons ce verre, l'air s'échappe en bulles qui agitent l'eau et montrent la matérialité de l'air.

2. Distinction entre la physique et la chimie. — L'expérience nous apprend qu'un même corps peut exister sous les trois états : solide, liquide et gazeux. L'eau se solidifie pendant les froids, et la glace formée fond quand on la chauffe ; l'eau obtenue passe à l'état de vapeur, qui pourrait à son tour se condenser sur un corps froid. Ces changements d'état n'ont donc pas altéré la nature du corps.

De même si l'on met du fer doux ou de l'acier au contact d'un aimant, ces corps peuvent alors agir sur d'autres fragments de fer doux ; ils ont acquis une propriété nouvelle ; l'acier la conserve tandis qu'elle ne dure, pour le fer, qu'autant qu'il reste soumis à l'action de l'aimant ; mais dans les deux cas, le fer et l'acier n'ont pas changé de nature.

Au contraire, si nous laissons du fer dans l'air humide, il se couvre d'une poussière brunâtre qui n'est plus du fer ; dans ce cas, le fer s'est uni à de l'oxygène qu'il a pris à l'air, et il a formé, par cette combinaison, un corps nouveau ayant une couleur, une densité, une consistance bien différentes de celles des corps qui l'ont formé.

De même, si nous chauffons fortement du marbre, il se dégage un gaz qui éteint une allumette enflammée, le gaz carbonique, et il reste un corps solide, la chaux, ayant des propriétés différentes de celles du marbre : celui-ci est dur, compact, insoluble dans l'eau, sans action sur les tissus ; celle-là est friable, poreuse, elle se gonfle et tombe en pâte au contact de l'eau et brûle les tissus ; le marbre a donc été séparé en deux corps différents, il a été décomposé en gaz carbonique et en chaux.

Les premiers phénomènes, qui ne changent pas la nature des corps, sont des phénomènes physiques; les seconds sont des phénomènes chimiques. Il y a deux espèces de phénomènes chimiques; ceux que l'on produit en unissant des corps distincts sont des *combinaisons*; ceux dans lesquels on sépare d'un corps plusieurs autres de propriétés différentes sont des *décompositions*. La Chimie est donc l'étude des combinaisons et des décompositions; elle a aussi pour objet de caractériser les corps qu'elle étudie en faisant connaître leurs propriétés physiques particulières, en d'autres termes leur signalement, et les modes d'action divers qu'ils exercent les uns sur les autres.

3. Corps simples, corps composés. — Les corps dont on peut, comme pour le marbre, retirer plusieurs substances, sont dits *corps composés*; la rouille du fer, qui s'est produite par la combinaison du fer avec l'oxygène, est aussi un corps composé. On appelle *corps simples* ou *éléments* les corps dont on n'a pu, jusqu'à présent, retirer qu'une seule substance; tels sont : le fer, l'oxygène.

Pour déterminer la constitution d'un corps composé, on le décompose en ses éléments ; c'est ce qu'on appelle faire l'*analyse* du corps.

En reconstituant le corps à l'aide de ses éléments, on en fait la *synthèse* ; ainsi, en brûlant du soufre dans l'oxygène on fait la synthèse de l'anhydride sulfureux.

4. Différence entre un mélange et une combinaison. — Si nous mélangeons du soufre et du fer réduits au préalable en poudres très fines, nous pouvons obtenir une masse pulvérente verdâtre dans laquelle il n'est plus possible de distinguer, à l'œil nu, les deux éléments. Cependant, à l'aide d'un microscope, nous pouvons constater que cette poudre est formée de particules ayant conservé la couleur et l'aspect soit du fer, soit du soufre ; et en plongeant un aimant dans ce *mélange*, nous pouvons enlever tout le fer, et le séparer du soufre.

Introduisons de même sous un tube rempli d'eau de l'oxygène, puis de l'hydrogène, gaz incolore et inodore comme l'oxygène ; les deux gaz se mélangent, mais chacun garde ses propriétés particulières ; nous pourrons cependant les séparer en mettant par exemple dans ce vase un morceau de phosphore qui absorbera peu à peu l'oxygène.

Chauffons dans un creuset de terre, ou dans un ballon, ou même dans un tube de verre fermé à une extrémité, le mélange de soufre et de fer (*fig.* 1) ; la masse devient incandescente, et le dégagement de lumière continue même si nous cessons brusquement de chauffer, ce qui montre qu'il

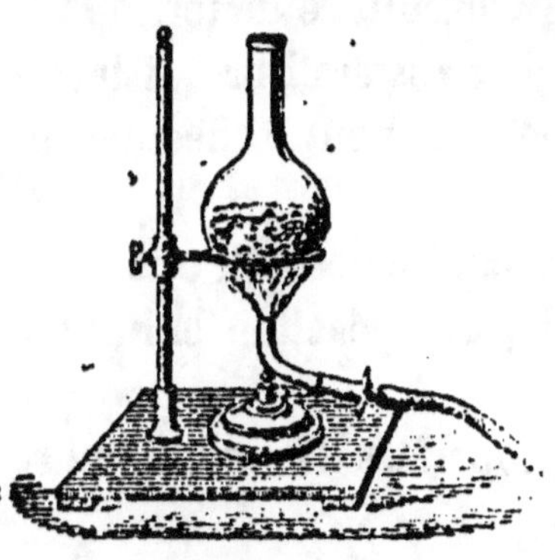

Fig. 1. — Combinaison du soufre et du fer.

se produit un dégagement de chaleur ; nous obtenons une substance brune homogène, dans laquelle nous ne pouvons plus séparer le soufre du fer ni au microscope, ni par un aimant ; ce corps n'a ni les propriétés du soufre, ni celles du fer, c'est un corps nouveau, un composé qu'on nomme sulfure de fer ; il y a eu *combinaison*.

Reprenons le tube contenant le mélange d'oxygène et d'hydrogène, et plongeons-y une allumette enflammée : il se produit une détonation qui peut même faire éclater le tube, — aussi l'expérience ne doit-elle être faite qu'avec précaution comme on le verra plus loin, — et les parois du tube se couvrent de fines gouttelettes d'eau.

Ici encore il y a eu formation d'un corps nouveau, avec un dégagement de chaleur qui a déterminé l'explosion, et nous ne pourrons plus séparer l'oxygène de l'hydrogène par le phosphore ; les deux corps ont formé une combinaison.

Nous pourrions constater, dans ces deux expériences, que si nous mettons en présence 32^g de soufre et plus de 56^g de fer, 1^g d'hydrogène et plus de 8^g d'oxygène, la combinaison ne donnera que 88^g de sulfure de fer, ou 9^g d'eau, et l'excès de fer ou d'oxygène restera libre et facile à distinguer ; au contraire le mélange peut s'effectuer en toutes proportions.

Nous pouvons conclure de ces expériences qu'une combinaison et, d'une façon générale, une réaction chimique est caractérisée par :

1° Un changement dans les propriétés des corps qui se sont unis ;

2° Une relation invariable entre les poids des corps qui se combinent ;

3° Un phénomène calorifique accompagnant la combinaison.

Le plus souvent l'union de deux corps se fait avec un dégagement de chaleur, comme dans les combinaisons que nous venons d'étudier ; on dit alors que leur réaction est *exothermique*.

Dans ce cas, on observe que le composé produit est très stable, et qu'on ne peut le décomposer qu'en lui fournissant une quantité de chaleur égale à celle qui a été dégagée au moment de la combinaison. Les composés sont donc d'autant plus stables, et les combinaisons d'autant plus faciles que les corps dégagent plus de chaleur en s'unissant.

Il peut arriver, au contraire, que des corps ne se produisent qu'avec absorption de chaleur ; leur formation est dite *endothermique.*

Ces composés dégagent, en se décomposant, une quantité de chaleur égale à celle qui avait été absorbée par leur formation, et leur décomposition sera d'autant plus facile qu'ils dégageront plus de chaleur.

5. Conditions de possibilité des actions chimiques. — Les corps ne réagissent l'un sur l'autre que s'ils sont en *contact* réel ; tant qu'ils sont séparés par une distance appréciable, si petite qu'elle soit, aucune action ne se produit. Les corps solides ne sont en contact que par leurs aspérités ; aussi n'ont-ils généralement pas d'action l'un sur l'autre, à moins qu'ils n'émettent des vapeurs à la température ordinaire. C'est pourquoi on emploie le plus souvent les corps *fondus* ou en *dissolution*, les liquides étant en contact parfait les uns avec les autres.

Il faut encore, pour obtenir des réactions, de *conditions déterminées de température* ; ainsi le soufre s'unit à l'oxygène quand on le chauffe, tandis qu'il n'y a pas de combinaison sensible à la température ordinaire. De là l'influence de la chaleur et des phénomènes physiques qui en dégagent, comme le choc, le frottement, la compression, l'électricité, etc. que nous verrons intervenir dans la plupart des réactions.

RÉSUMÉ DU CHAPITRE I

La Chimie est l'étude des combinaisons et des décompositions, et des propriétés particulières des corps.

On appelle *corps simples* les corps que l'on n'a pu décomposer, jusqu'à présent ; les *corps composés* sont formés de plusieurs corps simples.

On appelle *analyse* la décomposition d'un corps en ses éléments, et *synthèse* la reconstitution d'un corps à l'aide de ses éléments.

On dit que deux corps se *combinent* quand ils s'unissent en formant un corps nouveau, doué de propriétés différentes. La combinaison se distingue du mélange en ce qu'il y a une relation invariable entre les poids des corps qui s'unissent, et qui ne peuvent plus être facilement séparés Toute action chimique est, de plus, accompagnée d'un dégagement ou d'une absorption de chaleur.

CHAPITRE II

EAU

___

6. Propriétés physiques. — L'eau est universellement connue, et se présente à la surface de la terre sous les trois états, solide, liquide et gazeux.

L'eau liquide et pure est incolore sous une faible épaisseur, et bleue quand elle est en grande masse; elle n'a ni odeur, ni saveur. Quand on la chauffe de 0° à 4°, l'eau se contracte, elle se dilate ensuite quand la température s'élève; elle a donc à 4° son maximum de densité, et c'est le poids d'un centimètre cube d'eau à 4° qui a été choisi comme unité de poids, ou *gramme*. A 0° la densité de l'eau est 0,9998. La température à laquelle l'eau se solidifie a été prise comme point de repère ou zéro dans le thermomètre centigrade. La *glace* formée est un corps

Fig. 2. — Formes des cristaux de la neige.

incolore, transparent; sa densité est 0,92; l'eau augmente donc de volume en se solidifiant, ce qui explique pourquoi la glace flotte à la surface de l'eau, et pourquoi les vaisseaux des végétaux, les pierres poreuses dites pierres gélives, et même des tuyaux de plomb remplis d'eau sont brisés pendant les gelées.

Si l'eau se solidifie lentement, la glace cristallise en affectant la forme d'étoiles à six branches, comme on peut le constater dans les arborescences qui se déposent sur les vitres en hiver, ou en examinant de la neige à la loupe (*fig.* 2).

L'eau émet des vapeurs à toute température ; elle entre en ébullition, sous la pression atmosphérique normale, à une température qui a été prise pour le 100e degré du thermomètre centigrade. La densité de la vapeur d'eau est 0,622, ou $\frac{5}{8}$ par rapport à l'air.

L'eau dissout un grand nombre de corps, solides, liquides ou gazeux : le sel marin, le sucre, le salpêtre, la plupart des sels fondent dans l'eau, et en général d'autant plus facilement que la température est plus élevée. Les gaz, au contraire, sont moins solubles à chaud qu'à froid ; si l'on chauffe dans un ballon de l'eau qui a séjourné à l'air, on voit se dégager des bulles que l'on peut recueillir à l'aide d'un tube recourbé qui se rend sous une éprouvette remplie de mercure et reposant sur le mercure (*fig.* 3). Ces bulles sont de l'air qui était dissous dans l'eau, ce qui explique pourquoi les poissons, tous les animaux aquatiques et les plantes peuvent respirer dans l'eau.

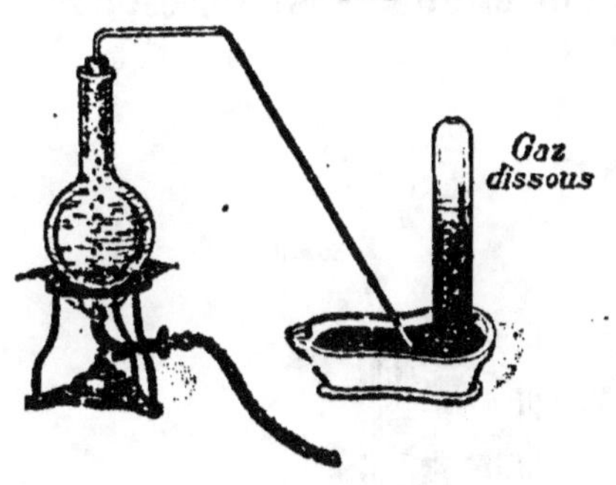

Fig. 3. — Extraction des gaz dissous dans l'eau.

L'eau de source ou de rivière, évaporée jusqu'à siccité, laisse un dépôt solide formé de toutes les substances, que l'eau avait dissoutes dans le sol.

7. Préparation de l'eau pure. — L'eau que l'on trouve dans la nature n'est donc jamais pure au point de vue chimique. Pour obtenir de l'eau pure, on *distille* de l'eau

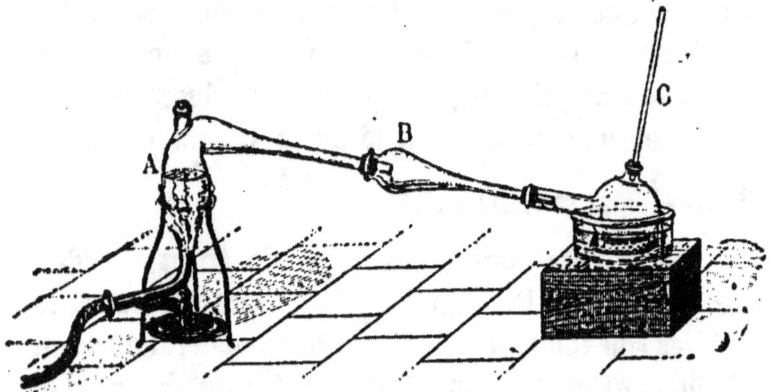

Fig. 4. — Distillation de l'eau. — A, cornue ;
B, allonge ; C, tube pour le dégagement des gaz dissous dans l'eau.

ordinaire, c'est-à-dire qu'on la fait passer à l'état de vapeur en la portant à l'ébullition, et que la vapeur est condensée dans un récipient refroidi.

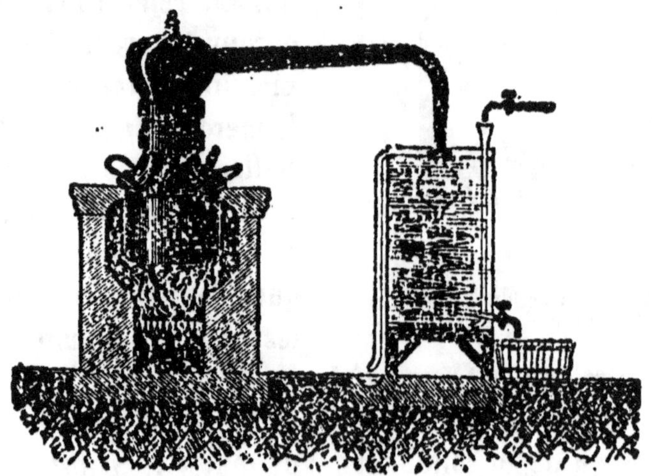

Fig. 5. — Distillation de l'eau. — Alambic.

On peut effectuer la distillation à l'aide d'une cornue, dont le col s'engage dans une allonge communiquant avec un ballon plongé dans une cuve d'eau froide (*fig*. 4). Pour

distiller de plus grandes quantités d'eau, on se sert d'un
alambic en cuivre (*fig.* 5) ; l'eau est chauffée dans une
chaudière ; la vapeur passe dans le dôme ou chapiteau,
et de là dans un tube contourné en spirale, le serpentin,
qui plonge dans un vase où circule un courant d'eau
froide. On ne recueille pas les premières gouttes d'eau qui
se condensent, et qui peuvent contenir des impuretés
provenant des parois du serpentin ; et on arrête la distillation quand on a recueilli les 3/4 de l'eau chauffée, pour
éviter la production de gaz par suite des réactions des corps
étrangers qui restent dans la chaudière.

8. Composition de l'eau. — L'eau pure ainsi obtenue a
été regardée jusqu'à la fin du XVIIIᵉ siècle comme un corps
simple, un *élément*. Cavendish avait montré, en 1781,
que l'hydrogène en brûlant forme de la vapeur d'eau,
mais cette observation fut d'abord mal interprétée ; c'est
Lavoisier qui, en 1783, établit que l'hydrogène en brûlant
se combine à l'oxygène et que l'eau est formée de l'union
de ces deux corps. Quant à la composition exacte de l'eau,
elle a été fixée par Gay-Lussac et de Humboldt en 1805.

9. Analyse de l'eau par le courant électrique. — On
emploie pour décomposer facilement l'eau par le courant
électrique, un *voltamètre*
(*fig.* 6) ; c'est un vase de
verre dont le fond est
traversé par deux fils ou
deux lames de platine,
reliés aux deux pôles
d'une pile, et servant
d'électrodes, c'est-à-dire

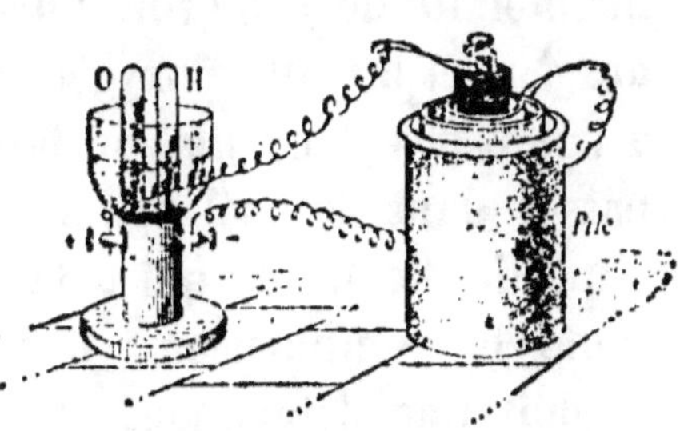

Fig. 6. — Analyse de l'eau par la pile.

servant à l'entrée et à la sortie du courant de la pile ; dans l'appareil on met de l'eau rendue conductrice par l'addition de quelques gouttes d'acide sulfurique ; et sur chaque électrode on renverse une petite éprouvette graduée pleine d'eau acidulée. Dès que le courant passe, des bulles de gaz se dégagent sur les deux fils de platine, et l'on constate que le volume du gaz contenu dans l'éprouvette qui surmonte l'électrode reliée au pôle négatif de la pile est double de celui du gaz contenu dans l'autre éprouvette.

Si l'on retourne l'éprouvette qui renferme le plus de gaz, et qu'on en approche une allumette enflammée, l'allumette s'éteint et le gaz brûle avec une flamme pâle, ce qui caractérise l'hydrogène ; si l'on plonge dans l'autre gaz une allumette ne présentant plus qu'un point rouge, elle se rallume et brûle avec éclat, ce qui permet de reconnaître l'oxygène.

L'eau est donc formée de **2** vol. d'hydrogène unis à **1** vol. d'oxygène.

10. **Synthèse de l'eau par l'eudiomètre.** — On peut faire la synthèse de l'eau en introduisant dans un *eudiomètre (fig. 7)*, tube de cristal épais reposant sur la cuve à mercure et traversé par deux fils métalliques, 100 vol. d'hydrogène et 50 vol. d'oxygène ; à l'aide des deux fils, on fait passer dans le mélange une étincelle électrique qui détermine la combinaison ; il se produit une détonation, et le mercure monte jusqu'en haut de l'eudiomètre, où il se fait quelques gouttelettes d'eau. Si le tube est maintenu à une

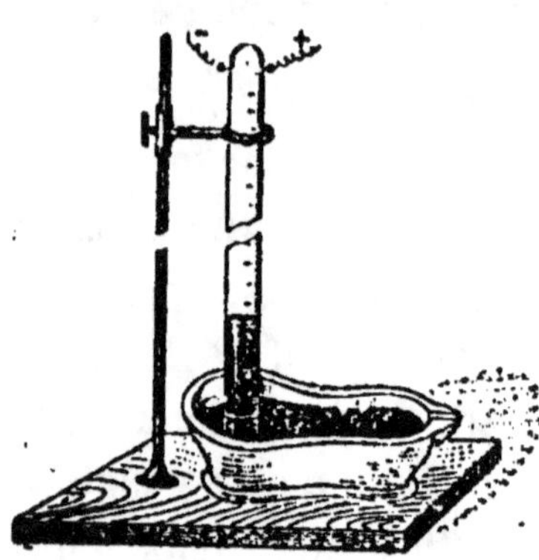

Fig. 7. — Synthèse de l'eau.

températuro supérieure à 100°, l'eau formée reste à l'état de vapeur, et l'on constate que cette vapeur occupe 100 volumes ; donc *2 vol. de vapeur d'eau sont formés exacte ment de 2 vol. d'hydrogène et de 1 vol. d'oxygène.*

11. Composition de l'eau en poids. — La détermination exacte des volumes des gaz étant difficile, à cause de l'influence de la température, de la pression et de l'état hygrométrique sur ces volumes, on a cherché à déterminer rigoureusement la composition de l'eau en poids.

Pour cela, Dumas fit passer un courant d'hydrogène *sec* et *pur* sur de l'oxyde de cuivre pur, chauffé dans un tube de verre (*fig.* 8). L'hydrogène prend à l'oxyde de l'oxygène et forme de l'eau et du cuivre ; et l'eau est condensée dans un ballon suivi de tubes contenant des matières desséchantes.

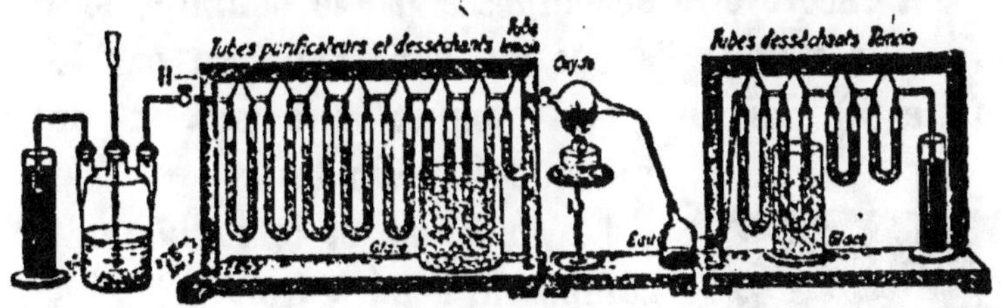

Fig. 8. — Synthèse de l'eau en poids.

La perte de poids de l'oxyde de cuivre fournit le poids d'oxygène, et l'augmentation du ballon et des tubes desséchants, le poids de l'eau formée. Dumas a trouvé par de nombreuses expériences que 100ˢ d'eau sont formés de 11ˢ,11 d'hydrogène et 88ˢ,89 d'oxygène, ou *9ˢ d'eau de 1ˢ d'hydrogène et 8ˢ d'oxygène.*

NOTE. — On verra plus loin que, pour simplifier l'écriture des corps et des réactions chimiques, on est convenu de représenter chaque corps simple par une lettre, le plus souvent la première du nom, ou par deux lettres quand plusieurs noms commencent de même.

Ce *symbole* du corps représente en même temps : 1° un poids déterminé du corps, qu'on appelle son *poids atomique* ; 2° *un même volume* pour les corps gazeux ou volatils.

Ainsi l'hydrogène s'écrit H, l'oxygène O, H et O représentant un même volume : donc l'eau, formée de 2 vol. d'hy-

drogène et 1 vol. d'oxygène unis en 2 vol. de vapeur d'eau,
s'écrira H^2O, et ce symbole représentera un volume double
de celui que représente H ou O.

Pour faciliter les revisions, nous indiquerons, dès à présent, mais en caractères plus petits, les symboles des corps
et les formules des réactions.

12. Propriétés chimiques. — La combinaison de l'hydrogène et de l'oxygène se faisant avec un grand dégagement de chaleur, l'eau est un composé très stable. Elle est
cependant décomposée partiellement par la chaleur, à
partir de 1000°, mais cette décomposition est limitée par
la réaction inverse : c'est ce qu'on appelle une *dissociation*.
L'eau peut encore être décomposée par le courant électrique, comme nous l'avons vu dans l'analyse par le
voltamètre (9), par un grand nombre de métaux et par
quelques métalloïdes.

Fig. 9. — Décomposition de
l'eau par le potassium.

Le *potassium* et le *sodium* décomposent l'eau à froid (*fig.* 9),
en formant de la potasse ou de
la soude et en mettant l'hydrogène en liberté.

La réaction peut être représentée
par l'égalité suivante :

$$H^2O + K = KOH + H.$$
eau   potassium   potasse hydrogène

Avec le potassium, l'hydrogène
s'enflamme en général ; mais si, dans une éprouvette pleine
de mercure, on fait passer quelques centimètres cubes d'eau,
puis un morceau de sodium entouré de papier buvard, on
peut recueillir l'hydrogène qui se dégage (*fig.* 10).

Le *fer*, le *zinc*, le *carbone* décomposent l'eau seulement
au rouge en donnant des oxydes de fer et de zinc, de
l'oxyde de carbone ou du gaz carbonique et de l'hydrogène.

Le *chlore* décompose aussi l'eau au rouge, mais en prenant l'hydrogène pour former de l'acide chlorhydrique, et l'oxygène se dégage.

La réaction peut être représentée par l'égalité suivante :

$$H^2O + 2Cl = 2HCl + O.$$

eau   chlore   acide   oxygène
chlor-
hydrique

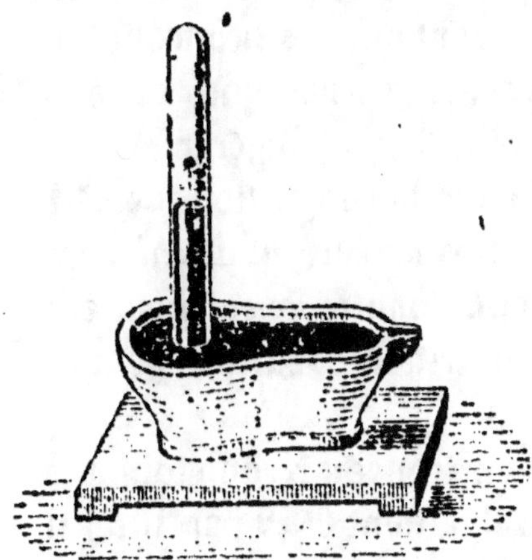

Fig. 10. — Décomposition de l'eau par le sodium.

13. Rôle et usages de l'eau. — L'eau a un rôle extrêmement important dans la nature, non seulement au point de vue géologique, par l'action qu'elle exerce à l'état de pluie, de neige et de glace, ou de cours d'eau sur les terrains, mais encore au point de vue de la vie animale et végétale qui est absolument impossible sans elle.

Elle est employée dans l'alimentation comme boisson et pour la cuisson des aliments, et elle sert au nettoyage et au savonnage.

14. Eau potable. — Pour qu'une eau soit potable, c'est-à-dire *qu'elle puisse être employée comme boisson et pour les usages domestiques*, elle doit être fraîche, claire, sans odeur, d'une saveur faible mais agréable ; elle doit être aérée, imputrescible, propre à la cuisson des légumes et au savonnage.

Pour cela, elle doit contenir en dissolution des gaz et des solides, et ne pas renfermer de matières organiques. L'eau privée d'air est fade et d'une digestion difficile, et on attribue à l'emploi d'eau non aérée, provenant de la fonte des glaciers, le goître dont sont affectés beaucoup de montagnards. La présence d'acide carbonique dissous rend l'eau agréable au goût et plus facile à digérer.

Les sels dissous doivent être dans la proportion de 0ᵍ,1 à 0ᵍ,5 par litre ; ils doivent être formés surtout de *chlorure de sodium*, de *carbonates* et de *phosphates de calcium*, car ces sels sont très utiles pour la nutrition et surtout pour le développement des os.

Le *sulfate de calcium*, que l'on trouve presque toujours dans l'eau, est nuisible dès qu'il atteint 0ᵍ ,2 par litre, il rend l'eau indigeste, impropre à la cuisson des légumes avec lesquels il forme un composé dur, et au savonnage parce qu'il produit, avec le savon, des grumeaux d'un savon calcaire insoluble. On peut rendre potable l'eau trop chargée de sulfate de calcium en lui ajoutant un peu de carbonate de sodium ; il se fait du carbonate de calcium insoluble, et du sulfate de sodium qui n'est pas nuisible à petite dose.

Les eaux chargées de *matières organiques* comme celles des *mares*, des *étangs*, ont une odeur désagréable et se corrompent facilement ; de plus elles peuvent contenir par suite d'infiltrations, surtout quand elles sont dans le voisinage de matières organiques en décomposition (fumiers, dépôts d'ordures ménagères et d'immondices, fosses d'aisances non étanches, etc.), des germes de petits organismes vivants qui engendrent des maladies épidémiques comme le typhus, le choléra, la fièvre typhoïde. Aussi ces eaux doivent-elles être exclues de l'alimentation, à moins qu'on ne les ait débarrassées de tous ces germes en les faisant bouillir ou en les filtrant.

Pour cela, un des meilleurs moyens est de faire passer l'eau à travers un filtre Chamberland, tube ou *bougie* en porcelaine poreuse (*fig.* 11) ; les substances solides en suspension dans l'eau et les germes sont retenus par les pores de la por-

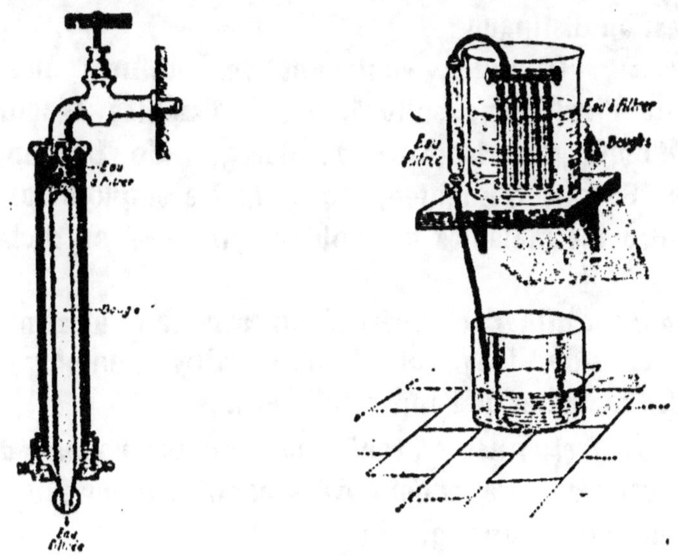

A   **B**

Fig. 11. — Filtres Chamberland.
A, avec pression. — B, sans pression.

celaine qui se bouchent peu à peu. Quand le débit du filtre diminue, on nettoie les bougies en les frottant avec une brosse, et on les stérilise en les plongeant pendant quelques minutes dans l'eau bouillante.

L'*eau de pluie* contient aussi un grand nombre de microbes, et pas de sels dissous. L'*eau de puits* est souvent trop chargée de calcaire.

L'*eau de source* est généralement la meilleure comme boisson, parce qu'elle est débarrassée des germes par sa filtration dans les terrains perméables.

15. Eaux minérales. — On nomme ainsi des eaux utilisées en médecine, soit à cause de la température élevée à laquelle elles sortent du sol (*eaux thermales* de Chaudes-

Algues, par exemple, qui atteignent 80°), soit à cause des sels qu'elles contiennent en notable quantité. Parmi ces dernières, on distingue :

Les *eaux sulfureuses*, contenant des sulfures alcalins et de l'hydrogène sulfuré, reconnaissables à leur odeur d'œufs pourris (eaux de Barèges, de Luchon, d'Aix en Savoie, d'Enghien, etc.). On les emploie surtout contre les maladies des voies respiratoires ou de la peau ;

Les *eaux alcalines*, chargées de bicarbonates alcalins, comme celles de Vichy, Saint-Galmier, Royat, employées contre les maladies de l'appareil digestif;

Les *eaux ferrugineuses*, renfermant du bicarbonate de fer, à saveur d'encre, et employées contre l'anémie (Spa, Orezza en Corse, Bussang,...) ;

Les *eaux purgatives*, contenant surtout du sulfate de magnésium (Pulna, Sedlitz, Hunyadi-Janos,...) ;

Les *eaux arsenicales*, employées contre les affections rhumatismales à cause des arsénites ou arséniates alcalins qu'elles renferment (La Bourboule,...).

Eau oxygénée. — L'oxygène donne avec l'hydrogène un deuxième composé, de formule H^2O^2, que l'on appelle *eau oxygénée*. C'est un liquide incolore, d'une odeur faible, d'une saveur métallique, qui se forme indirectement avec absorption de chaleur, et, par suite, se décompose facilement en donnant de l'eau et de l'oxygène. A la température ordinaire cette décomposition est lente ; à température élevée, elle peut se faire brusquement et avec explosion ; elle se produit encore au contact de certains corps pulvérulents : mousse de platine, bioxyde de manganèse, charbon,...

L'eau oxygénée peut donc facilement fournir de l'oxygène ; celle du commerce, très diluée dans l'eau, en donne environ 12 fois son volume ; concentrée, elle peut en donner 475 fois son volume. Cette propriété la fait employer comme *oxydant,* dans la restauration des vieux tableaux dont elle fait passer le sulfure de plomb noir provenant de la céruse à l'état de sulfate blanc ; comme *décolorant*, pour blanchir le coton, la soie, la laine, les plumes, les éponges, l'ivoire, pour changer la teinte des fourrures et teindre les cheveux en blond ; et comme *antiseptique* dans le traitement des maladies contagieuses et surtout des plaies, parce qu'elle détruit les microbes en les oxydant.

RÉSUMÉ DU CHAPITRE II

L'*eau* H^2O est bleue en grande masse ; sa densité à 4° est égale à l'unité ; elle augmente de volume en se solidifiant. Le point de fusion de la glace et le point d'ébullition de l'eau sous la pression normale ont été choisis comme points fixes 0 et 100 du thermomètre. L'eau dissout un grand nombre de corps solides et de gaz.

Pour avoir de l'eau pure, on la distille.

L'eau est formée de 2 vol. d'hydrogène unis à 1 vol. d'oxygène et donnant 2 vol. de vapeur d'eau ; en poids, la proportion des deux gaz est de 1^g d'hydrogène pour 8^g d'oxygène.

On vérifie la composition de l'eau en volume en la décomposant par la pile, ou en combinant l'hydrogène et l'oxygène dans l'eudiomètre ; et la composition en poids en faisant passer de l'hydrogène sur de l'oxyde de cuivre chauffé.

L'eau est décomposée par la plupart des métaux et par le carbone, qui se combinent à l'oxygène ; et par le chlore qui s'unit à l'hydrogène.

L'eau est *potable* quand elle peut être employée comme boisson et aux usages domestiques. Pour être potable, l'eau doit être fraîche, claire, inodore, d'une saveur agréable, aérée, propre à la cuisson des légumes et au savonnage ; elle ne doit pas renfermer de matières organiques, et elle doit contenir des sels dissous, mais moins de 0^g,5 par litre.

Les *eaux minérales* sont utilisées en médecine à cause de la température à laquelle elles sortent du sol (eaux thermales), ou des sels qu'elles tiennent en dissolution (eaux sulfureuses, alcalines, ferrugineuses, purgatives, arsenicales).

CHAPITRE III

HYDROGÈNE. — OXYGÈNE

Hydrogène.

Symbole   H. — Poids atomique : 1.

16. État naturel. Historique. — L'hydrogène, qui forme 1/9 du poids de l'eau, et qui entre dans la composition de la plupart des composés organiques, dans les tissus des plantes et des animaux, n'existe guère à l'état libre dans la nature que dans les gaz des fumerolles et de quelques eaux minérales; aussi n'est il connu que depuis Cavendish, qui l'isola pour la première fois en 1766 et l'appela *air inflammable*, à cause d'une de ses propriétés caractéristiques. C'est Lavoisier qui montra qu'il entre dans la composition de l'eau et lui donna son nom actuel : *hydrogène*, c'est-à-dire qui engendre l'eau.

17. Propriétés physiques. — L'hydrogène pur est un gaz incolore, inodore, sans saveur. C'est le plus léger de tous les gaz : un litre d'hydrogène à 0° sous la pression de 760^{mm} pèse 0ᵍ,0898, c'est-à-dire 14 fois et demie moins que l'air ; un litre d'air pesant 1ᵍ,293, la densité de l'hydrogène est donc :

$$\frac{0,0898}{1,293} = 0,0695.$$

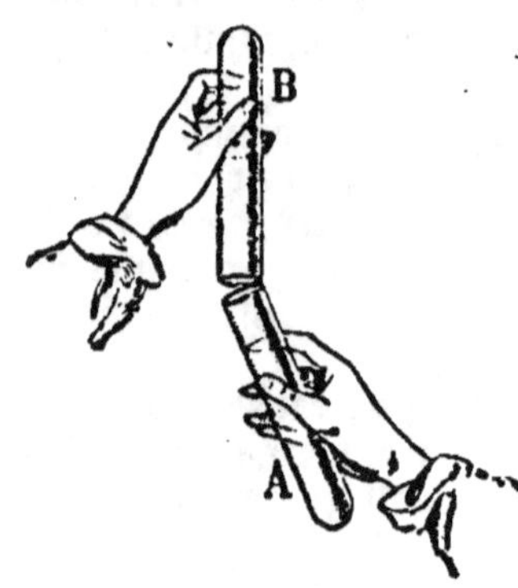

Fig. 12. — L'hydrogène qui était en A passe en B.

Si l'on tient verticalement une éprouvette pleine d'hydrogène, l'ouverture tournée vers le bas, le gaz ne s'échappe pas, à cause de sa légèreté; si, au contraire, on la retourne sous une autre éprouvette (*fig.* 12), l'hydrogène passe de la première dans la seconde en chassant l'air qui remplissait celle-ci ; si l'on approche alors une bougie enflammée de l'ouverture de l'éprouvette supérieure, on voit le gaz brûler, tandis que la bougie n'a plus d'effet sur le gaz de l'éprouvette inférieure.

On peut encore montrer la légèreté de l'hydrogène en se servant d'une vessie à robinet remplie de ce gaz pour gonfler des bulles de savon ; les bulles s'élèvent dans l'air, et s'enflamment au contact d'une bougie.

Les gaz traversant les membranes d'autant plus facilement que leur densité est moindre, l'hydrogène doit se diffuser plus rapidement que tous les autres gaz ; en effet, il passe rapidement au travers du papier, du plâtre, des poteries poreuses, des membranes de caoutchouc, et même des métaux comme le platine et l'acier quand ils sont chauffés au rouge. On peut le montrer en fermant avec une feuille de papier ou une membrane de caoutchouc une éprouvette pleine d'hydrogène, et la retournant ; le gaz traverse la membrane et on peut l'enflammer en mettant une allumette au-dessus de l'éprouvette. Aussi ne peut-on employer l'hydrogène pour gonfler les ballons, que si l'enveloppe du ballon est enduite de plusieurs couches d'un vernis spécial qui la rend imperméable.

L'hydrogène est peu soluble dans l'eau, qui n'en dissout que 19^{cm3} par litre, à 0°.

L'hydrogène est le gaz le plus difficilement liquéfiable ; pourtant on en obtient à présent des quantités notables à l'état liquide, en employant à la fois des pressions considérables et un froid très grand (— 205° sous 180^{atm}) ; c'est un liquide incolore, transparent, dont 1^l ne pèse que 70^g, et qui bout à — 238° ; son évaporation rapide permet d'abaisser la température à — 250°. On est parvenu récemment à le solidifier.

L'hydrogène est le seul gaz qui conduise bien la chaleur et l'électricité ; cette propriété le rapproche des métaux, .de même que la plupart de ses propriétés chimiques.

L'hydrogène pur n'est pas un poison, on peut le respirer sans danger pourvu qu'il soit mélangé à une quantité suffisante d'oxygène ; mais il n'entretient pas la vie.

18. Propriétés chimiques. — L'hydrogène est caractérisé par son *inflammabilité*, et par ce qu'il forme avec l'oxygène des *mélanges détonants*.

Si d'une éprouvette d'hydrogène tenue l'orifice en bas, on approche une bougie allumée, l'hydrogène s'enflamme et brûle lentement au contact de l'air ; la flamme est pâle, peu éclairante, mais très chaude, et il se produit de la vapeur d'eau.

Si on enfonce la bougie dans l'éprouvette, elle s'éteint ; donc l'hydrogène est combustible mais n'entretient pas la combustion.

Si l'on fait d'avance un mélange d'hydrogène et d'oxygène, dans les proportions suivant lesquelles nous les avons vus s'unir dans la synthèse de l'eau (10), c'est-à-dire de 2 vol. d'H pour 1 vol. d'O, et qu'on en approche un corps enflammé, une violente détonation se produit et le flacon qui contenait le mélange est généralement brisé ; aussi doit-on l'entourer d'un linge mouillé pour éviter la projection des éclats de verre. Cette explosion est due au grand dégagement de chaleur qui accompagne la combinaison des deux corps ; la vapeur d'eau produite s'est dilatée et a refoulé l'air à l'orifice du flacon, puis elle s'est condensée, produisant ainsi un vide, et l'air est rentré brusquement ; la détonation est le bruit qui résulte de ces deux mouvements brusques se succédant très rapidement.

Au lieu de mélanger aux 2 vol. d'hydrogène 1 vol. d'oxygène, on peut y mélanger 5 vol. d'air, puisque l'air contient 4/5 d'azote et 1/5 d'oxygène. La détonation est alors moins

violente, parce que l'azote absorbe une partie de la chaleur
dégagée par la combinaison. La combustion peut être provo-
quée encore par l'étincelle électrique, ou en chauffant le
mélange détonant à 300°.

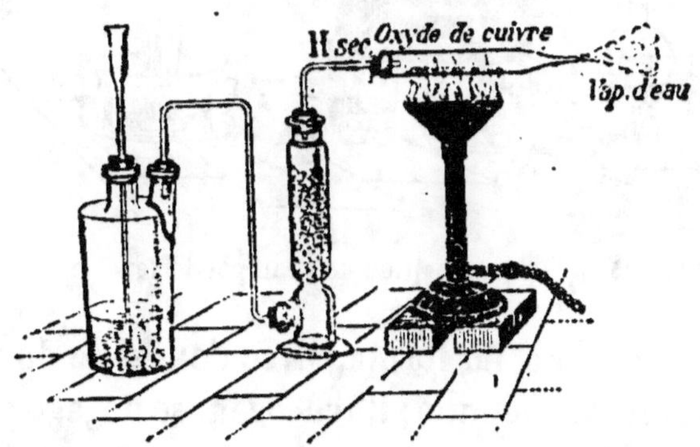

Fig. 13. — Harmonica chimique.

Quand on enflamme un courant d'hydrogène à l'extrémité d'un tube de verre
effilé, et qu'on entoure cette flamme
d'un tube de verre un peu large, la
flamme s'allonge, vibre et produit un
son de hauteur variable suivant les di-
mensions du tube et la position de la
flamme. Ce son est dû à une série de
petites détonations très rapprochées
produites par des mélanges d'hydrogène avec l'air entraîné par la flamme ;
cette expérience est connue sous le nom
d'*harmonica chimique* (*fig*. 13).

L'hydrogène, par suite de son affinité pour l'oxygène,
peut enlever ce corps à un certain nombre de ses compo-

Fig. 14. — Réduction d'un oxyde par l'hydrogène.

sés, en particulier à certains *oxydes métalliques*. Ainsi
l'oxyde de fer, l'oxyde de cuivre, chauffés dans un tube de
verre traversé par un courant d'hydrogène (*fig*. 14), sont

réduits, c'est-à-dire ramenés à l'état de métal, tandis que l'hydrogène forme avec l'oxygène de l'oxyde de la vapeur d'eau.

L'hydrogène a aussi une grande tendance à s'unir au *chlore* (Cl); si on expose à la lumière solaire un flacon contenant un mélange à volumes égaux de ces deux corps, la combinaison est si violente qu'il y a explosion et le flacon vole en éclats. Le produit de la combinaison est un gaz, l'acide chlorhydrique (HCl).

19. Préparation. — 1° On peut extraire l'hydrogène de l'eau à l'aide des métaux qui tendent à s'unir à l'oxygène. *On fait passer un courant de vapeur d'eau sur du fer chauffé au rouge;* la vapeur d'eau produite dans un ballon passe sur un faisceau de fils de fer placé dans un tube de porcelaine ou de grès et chauffé au rouge dans un fourneau à

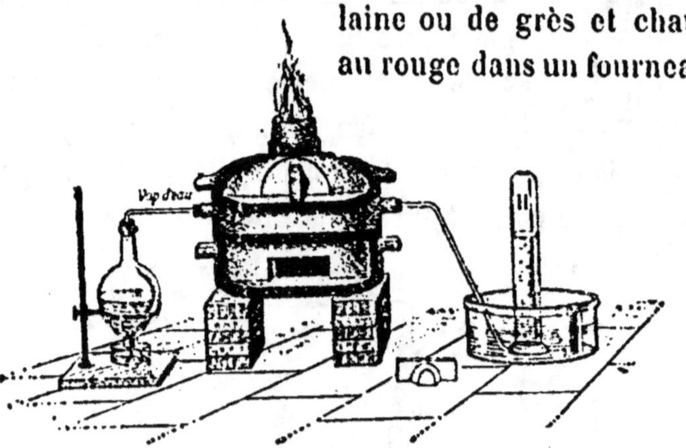

Fig. 15. — Décomposition de l'eau par le fer.

réverbère (*fig.* 15). Le fer forme, avec l'oxygène de l'eau, de l'oxyde de fer magnétique; l'hydrogène se dégage par un tube coudé ou tube abducteur aboutissant sous une éprouvette pleine d'eau qui repose sur une sorte de soucoupe renversée, percée d'un trou (têt à gaz), dans une cuve contenant de l'eau. Le gaz plus léger que le liquide, chasse peu à peu l'eau de l'éprouvette qu'il remplit.

La réaction peut être représentée par la formule suivante :

$$4 H^2O + 3 Fe = Fe^3O^4 + 8 H.$$

eau   fer   oxyde de fer hydrogène
magnétique

2° Dans les laboratoires, *on prépare l'hydrogène en faisant agir le zinc du commerce sur l'acide sulfurique étendu d'eau.* Le zinc prend la place de l'hydrogène contenu dans l'acide et forme un corps appelé sulfate de zinc, qui reste dissous dans l'eau ; l'hydrogène se dégage.

On peut employer aussi l'acide chlorhydrique, il se fait alors du chlorure de zinc et de l'hydrogène.

Les réactions peuvent être représentées par les formules suivantes :

$$SO^4H^2 + Zn = 2H + SO^4Zn.$$

acide   zinc   sulfate
sulfurique   de zinc

$$2HCl + Zn = 2H + ZnCl^2,$$

acide   zinc   chlorure
chlorhydrique   de zinc

Pour faire l'expérience on introduit du zinc en grenaille ou en lame dans un flacon à deux tubulures (*fig.* 16) ; une des tubulures est fermée par un bouchon traversé par un tube à entonnoir ; on verse peu à peu par ce tube l'acide dans l'eau, car le mélange se fait avec dégagement de chaleur, et en

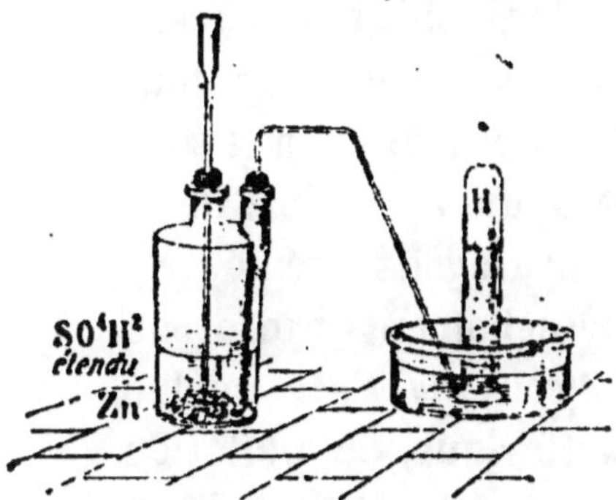

Fig. 16 — Préparation de l'hydrogène.

versant de l'eau dans l'acide on pourrait amener la projection du liquide ; ce tube, qui doit plonger dans le liquide, sert en outre de tube de sûreté, pour le cas où le dégagement d'hydrogène serait trop rapide. Le bouchon de l'autre tubulure est traversé par un tube recourbé par lequel le gaz se rend sous une éprouvette pleine d'eau et reposant sur la cuve à eau, comme dans l'expérience précédente. Dès que l'acide arrive sur le zinc, il se produit un bouillonnement et le flacon s'échauffe.

Ce procédé est plus rapide et moins coûteux que le premier, mais l'hydrogène obtenu n'est pas pur ; il est mélangé à des gaz d'odeur très désagréable, provenant des matières étrangères contenues dans le zinc du commerce.

Il faut avoir soin de ne pas recueillir les premières éprouvettes de gaz, parce qu'elles renferment un mélange d'hydrogène et d'air qui pourrait détoner au contact d'une flamme. Quel que soit d'ailleurs le gaz que l'on prépare, si on veut le recueillir à l'état pur, il faut rejeter les premières parties dégagées qui entraînent l'air de l'appareil producteur.
Si l'on veut enflammer l'hydrogène à la sortie de l'appareil, on remplace le tube abducteur par un tube effilé (*fig.* 13) ; il faut avoir grand soin de laisser dégager l'hydrogène assez longtemps pour que tout l'air de l'appareil ait été chassé par le gaz. Sans cette précaution, le flacon peut être brisé au moment où l'on enflamme l'hydrogène.

Quand l'hydrogène doit être employé en grande quantité, pour le purifier de l'hydrogène arsénié qui y est toujours mélangé et qui intoxiquerait les ouvriers, on le soumet par la détente de l'air liquide à un froid de 110° à 130° qui condense complètement l'hydrogène arsénié.

3° Dans l'industrie, on prépare actuellement l'hydrogène *en décomposant par le courant électrique l'eau* rendue conductrice par un peu d'acide sulfurique, ou plutôt de potasse, comme on l'a fait en petit pour l'analyse de l'eau dans le voltamètre (9). On obtient en même temps de l'oxygène ; les deux gaz sont comprimés à 120 atmosphères dans des tubes en acier facilement transportables.

Ce mode de préparation est peu coûteux, car, la potasse ajoutée à l'eau servant indéfiniment, la production du courant électrique est la seule dépense à faire ; et le prix de revient de 2^{mc} d'hydrogène et 1^{mc} d'oxygène est d'environ 2 fr.

20. Usages. — L'hydrogène est souvent employé comme réducteur. On s'en sert pour gonfler les ballons ; si ces ballons ne sont pas bien imperméables, ils se dégonflent très vite à cause de la facilité avec laquelle le gaz traverse les membranes ; aussi emploie-t-on souvent pour les ballons ordinaires le gaz d'éclairage, moins léger mais moins coûteux.

On utilise la grande quantité de chaleur que l'hydrogène dégage en brûlant dans l'oxygène pour fondre le platine, la silice, souder le plomb à lui-même.

Si dans la flamme de l'hydrogène brûlant dans l'oxygène, on introduit un bâton de chaux ou de magnésie, ce corps devient incandescent et donne une lumière très intense, dite *lumière de Drummond* ou *lumière oxhydrique*, employée pour les projections et pour l'éclairage des préparations microscopiques.

Oxygène.
Symbole : O. — Poids atomique : 16.

21. État naturel. Historique. — L'oxygène est le corps le plus répandu dans la nature ; il forme 1/5 en volume de l'air atmosphérique ; à l'état de combinaison il se trouve dans l'eau, dans la plupart des roches, des tissus animaux et végétaux ; et on estime qu'il forme la moitié de la masse du globe.

Il a été découvert en 1774 par Priestley et par Scheele ; c'est Lavoisier qui, à la même époque, indiqua le rôle qu'il joue dans l'oxydation des métaux, les combustions et la respiration, et lui donna son nom : *oxygène*, c'est-à-dire qui engendre les acides.

22. Propriétés physiques. — L'oxygène est un gaz incolore, inodore, sans saveur ; sa densité est 1,1056 ; le poids de 1^l d'oxygène, à 0° et sous la pression de 760^{mm}, est donc de 1^g,293 × 1,1056 = 1^g,429.

L'eau n'en dissout que 41^{cm3} par litre.

Il se liquéfie difficilement et donne un liquide légèrement bleu, qui bout à — 194°, et qui, dans l'hydrogène liquide, se transforme en un solide bleu.

23. Propriétés chimiques. — L'oxygène est caractérisé par ses propriétés *comburantes*, c'est-à-dire par ce fait que les corps y brûlent avec beaucoup plus d'éclat que dans l'air, et qu'il se combine à la plupart des corps simples avec dégagement de chaleur et de lumière. Une allumette ne présentant plus que quelques points en ignition, une bougie incomplètement éteinte, plongées dans l'oxygène, se rallument avec une petite explosion et brûlent avec plus d'éclat.

Si l'on enflamme un morceau de *soufre*, placé dans une

Fig. 17. — Combustion du soufre ou du phosphore dans l'oxygène.

coupelle de terre supportée par un fil de fer traversant un bouchon large (*fig.* 17) et qu'on le plonge dans un flacon d'oxygène, il brûle avec une flamme bleue très brillante ; le flacon se remplit d'un gaz d'une odeur suffocante qui provoque la toux et colore en rouge pelure d'oignon la teinture de tournesol, matière colorante bleue, que l'on verse dans le flacon ; ce gaz est l'anhydride sulfureux (SO_2).

On peut faire la même expérience en remplaçant le soufre par un morceau de *phosphore* enflammé (*fig.* 17) ; le phosphore brûle avec une flamme blanche, éblouissante. et le flacon se remplit de vapeurs blanches d'anhydride phosphorique (P_2O_5) qui se déposent sur les parois du flacon ; ces vapeurs se dissolvent dans l'eau en formant de l'acide phosphorique, qui rougit la teinture de tournesol

Le *charbon*, allumé et plongé dans l'oxygène, y brûle

avec éclat en formant un gaz, l'anhydride carbonique (CO^2), qui se dissout dans l'eau, donne à la teinture de tournesol un rouge vineux, et trouble l'eau de chaux.

Nous avons déjà vu que l'*hydrogène* brûle dans l'oxygène et forme avec lui un mélange détonant (18).

Les *métaux* peuvent aussi se combiner à l'oxygène avec dégagement de chaleur et de lumière : ainsi un fil de *magnésium* enflammé et plongé dans l'oxygène brûle avec une flamme d'un blanc éblouissant ; il se forme une matière blanche, l'oxyde de magnésium ou magnésie (MgO), qui est un peu soluble dans l'eau et qui ramène au bleu le tournesol rougi par un acide. Cette propriété, inverse de celle des acides, caractérise les bases ; la magnésie forme donc avec l'eau une base, tandis que dans les réactions précédentes, il s'était fait des acides.

Un fil de fer ou un ressort de montre portant à son extrémité inférieure un petit morceau d'amadou enflammé, plongé dans l'oxygène, brûle avec éclat en projetant des étincelles (*fig.* 18) ; l'oxyde de fer (Fe^3O^4) formé fond et tombe en gouttelettes qui s'incrustent dans le fond du flacon et peuvent le faire casser, si l'on n'a pris soin d'y laisser un peu d'eau.

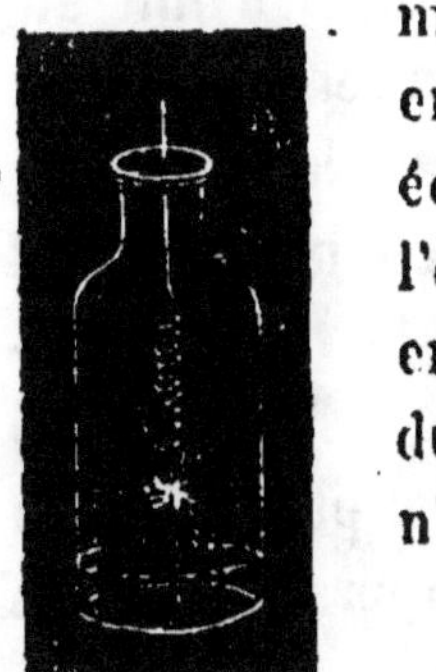

Fig. 18. — Combustion du fer dans l'oxygène.

24. Combustions vives et combustions lentes. — La combinaison des corps avec l'oxygène peut, dans certains cas, s'effectuer sans production de lumière et avec un dégagement de chaleur trop faible pour élever sensiblement la température du corps ; ainsi du fer, abandonné à l'air humide, se couvre *peu à peu* d'écailles brunes formant la rouille, qui est aussi un oxyde de fer, dû à la combinaison du fer avec l'oxygène de l'air. Il y a eu, comme dans l'expérience précédente, disparition d'oxygène et formation d'un corps nouveau, donc combinaison entre les deux corps. Les deux oxydations sont analogues, aussi a-t-on étendu au second cas le nom de *combustion* appliqué généralement au premier, mais on dit que la combustion est *vive* ou *lente* suivant que le dégagement de chaleur qui accompagne la réaction est assez rapide pour amener l'incandescence du corps, ou qu'il est lent et produit une élévation de température insensible.

25. Propriétés physiologiques. — Lavoisier, qui a expliqué le premier les phénomènes de la combustion, a démontré que la *respiration* est une combustion lente. L'oxygène de l'air introduit dans les poumons traverse les parois des vaisseaux capillaires, et se fixe sur les globules du sang, qui l'entraînent dans tout le corps. Il s'unit au carbone et à l'hydrogène des tissus par une véritable combustion, en produisant du gaz carbonique et de la vapeur d'eau qui sont exhalés dans les poumons, et en dégageant de la chaleur qui sert à maintenir constante la température des vertébrés supérieurs. La respiration s'effectue de même chez les animaux inférieurs et chez les plantes, mais elle est moins active, c'est pourquoi la température de ces êtres varie avec celle du milieu extérieur.

L'oxygène pur peut être respiré quelque temps sans inconvénient, si sa pression ne dépasse pas la pression normale ; mais à plus haute pression, il agit comme un poison, et dans l'oxygène comprimé à 3 ou 4 atmosphères, un chien meurt rapidement dans de violentes convulsions.

26. Préparation. — Bien que l'oxygène existe à l'état libre dans l'air, ce n'est pas de l'air qu'on le retire dans les laboratoires, à cause de la difficulté qu'on a à le séparer de l'azote.

1° On le prépare en décomposant par la chaleur le chlorate de potassium, sel blanc, cristallisé, que l'on peut obtenir très pur et qui est formé de chlore, d'oxygène et de potassium (ClO^3K). Ce corps, chauffé dans une cornue de verre (*fig.* 19), fond, puis dégage de l'oxygène, pendant que le chlore s'unit au potassium et forme du chlorure de potassium.

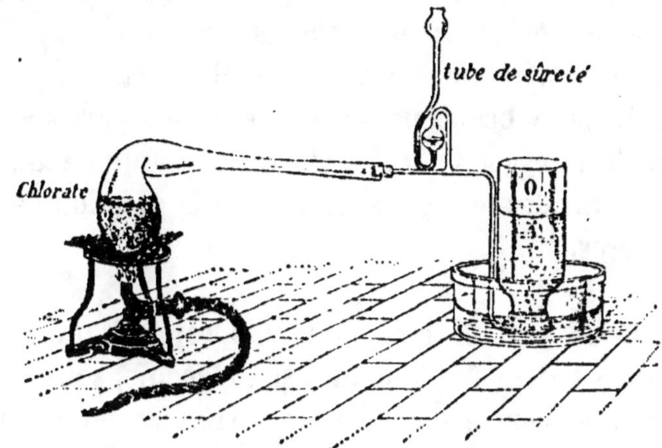

Fig. 19. — Préparation de l'oxygène par le chlorate de potassium.

La réaction peut être représentée par la formule

$$ClO^3K \;=\; KCl + O^3.$$

chlorate   chlorure   oxygène
de potassium   de potassium

Mais il peut arriver que le dégagement s'arrête par suite de la formation de *perchlorate de potassium* (ClO^4K), qui ne se décompose qu'à une température plus élevée, à laquelle la cornue peut fondre ou même éclater par suite de la brusque décomposition du perchlorate :

$$2ClO^3K = 2O + KCl + ClO^4K.$$

chlorate   perchlorate
de potassium   de potassium

On évite la formation de ce corps, et on facilite la décomposition du chlorate en le mélangeant à de l'oxyde brun de manganèse ou à du bioxyde de manganèse, qui reste inaltéré et peut servir indéfiniment.

2° *Préparation industrielle*. — Dans l'industrie, où l'oxygène a reçu depuis quelques années des applications importantes, on l'extrait toujours de l'air ou de l'eau, que l'on trouve partout sans dépense. Actuellement les deux procédés employés à peu près exclusivement sont l'*électrolyse de l'eau*, qui a été indiquée déjà pour la préparation de l'hydrogène (19), et la préparation par *l'air liquide* (35) ; le liquide obtenu par la compression suivie de détente de l'air est un mélange d'azote et d'oxygène ; l'azote, qui bout à une température moins basse que l'oxygène, s'évapore beaucoup plus vite et se sépare spontanément de l'oxygène ; celui-ci, resté presque seul, est conservé dans des réservoirs en acier à la pression de 120 atmosphères.

27. Usages. — L'oxygène, outre le rôle si important qu'il a dans l'air, s'emploie pur, en médecine, sous forme d'inhalations, contre l'anémie, les maladies de poitrine, les empoisonnements par l'oxyde de carbone, et dissous dans l'eau sous pression, pour stimuler la digestion. Dans l'industrie il sert à activer les combustions, et à produire des températures très élevées ou une lumière très vive, par sa combinaison avec l'hydrogène ou le gaz d'éclairage, dans le chalumeau oxhydrique pour la soudure autogène, et la lumière de Drummond pour les projections ; on l'emploie encore pour le coupage des tôles, l'éclairage des automobiles, la fabrication des rubis artificiels. Il joue un rôle important dans la préparation de l'acide sulfurique, des oxydes, etc.

28. Ozone. — L'oxygène, sous l'influence de l'électricité, acquiert une odeur particulière que l'on remarque autour d'une machine électrique en activité, ou dans l'air après un violent orage. Cette odeur est due à un corps connu sous le nom d'*ozone* (du grec *ozô*, je sens), qui est une modification *allotropique* de l'oxygène, c'est-à-dire ayant des propriétés physiques différentes ; c'est de l'oxygène condensé, 3 volumes d'oxygène se transformant en 2 volumes d'ozone :

$$(30^1 = 20^3).$$

L'ozone se produit encore sous l'influence des végétaux, en particulier dans le voisinage des arbres résineux. C'est un gaz incolore sous une petite épaisseur, bleu quand il est en plus grande quantité, qui donne à l'atmosphère sa coloration particulière, et qui se transforme à très basse température en un liquide bleu indigo.

Il a des propriétés oxydantes analogues à celles de l'oxygène mais plus énergiques : ainsi il oxyde l'argent, l'ammoniaque à la température ordinaire.

Il joue dans l'atmosphère le rôle de désinfectant, en oxydant et détruisant les miasmes ; et on a constaté que les épidémies coïncident avec la disparition de l'ozone de l'atmosphère ; il existe en plus grande quantité dans l'air de la campagne que dans celui des villes. C'est aussi un décolorant ; on lui attribue le blanchiment des toiles, des os de coutellerie exposés à l'air.

On a cherché à l'employer comme désinfectant dans les hôpitaux, et on l'utilise actuellement dans plusieurs villes pour la stérilisation des eaux servant à alimenter les fontaines publiques.

RÉSUMÉ DU CHAPITRE III

L'*hydrogène* (H = 1) est un gaz incolore, inodore, très léger ; il pèse 14 fois 1/2 moins que l'air, et traverse facilement les membranes ; il est très peu soluble dans l'eau.

L'hydrogène brûle avec une flamme pâle et très chaude ; il n'entretient ni la combustion, ni la respiration. Avec l'oxygène, il forme un mélange détonant.

Il réduit un grand nombre d'oxydes métalliques en donnant de l'eau et le métal.

On le prépare en décomposant l'eau par le fer au rouge, ou en faisant agir le zinc sur l'acide sulfurique étendu ou sur l'acide chlorhydrique, ou par l'électrolyse de l'eau.

L'hydrogène est employé comme réducteur et pour gonfler les ballons; sa combustion dans l'oxygène est utilisée pour produire des températures élevées.

L'*oxygène* (O = 16) est un gaz incolore, inodore, peu soluble dans l'eau. Il rallume une allumette ne présentant plus qu'un point rouge; le soufre, le phosphore, le charbon, le magnésium, le fer, y brûlent avec un vif éclat. La combinaison directe d'un corps avec l'oxygène s'appelle une combustion; la combustion est vive quand elle a lieu avec dégagement de chaleur et production de lumière; elle est lente, quand le dégagement de chaleur n'est pas apparent, et qu'il n'y a pas production de lumière (rouille). La respiration est une combustion lente.

On prépare l'oxygène en décomposant le chlorate de potassium par la chaleur, par l'électrolyse de l'eau ou par l'air liquide.

L'oxygène est l'agent essentiel de la respiration et des combustions; on l'emploie en médecine et pour produire des températures élevées; et il intervient dans la préparation d'un grand nombre de composés.

CHAPITRE IV

AIR. — AZOTE

Air.

29. Propriétés physiques. — L'air est un gaz incolore lorsqu'il est pur, et présentant sous une grande épaisseur une teinte bleue plus ou moins foncée suivant la pureté de l'atmosphère. Il est inodore et sans saveur; sa densité est $\frac{1}{773}$ de celle de l'eau; 1^l d'air à 0° et sous la pression de 760^{mm} pèse 1^g,293, et ce poids a été pris comme unité pour déterminer la densité des gaz. Il est peu soluble dans l'eau; il se liquéfie sous l'influence du froid produit par la détente continue d'air fortement comprimé (Voir page 40).

30. Composition de l'air. Expérience de Lavoisier. — L'air a été pendant longtemps considéré comme un des quatre éléments ; et sa composition n'a été déterminée que par les travaux de Rutherford, de Priestley, et surtout de Lavoisier (1775).

Lavoisier a fait le premier l'analyse de l'air dans une expérience célèbre. Il mit du mercure dans un ballon de verre dont le col très long et recourbé se rendait sous une cloche reposant sur le mercure et contenant de l'air (*fig.* 20), puis il chauffa le ballon pendant douze jours. Il vit le mercure se couvrir de pellicules rouges qui cessèrent d'augmenter vers le 7e jour, et en même temps le volume de l'air diminua de 1/6 environ.

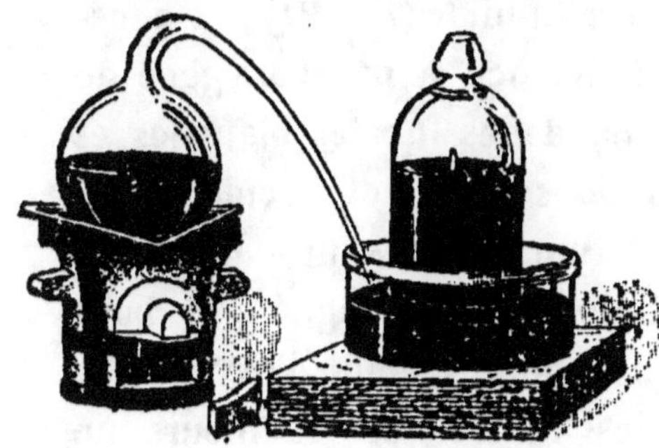

Fig. 20. — Expérience de Lavoisier.

Le gaz restant n'avait plus les propriétés de l'air, une bougie allumée s'y éteignait, un oiseau y mourait ; ce gaz était de l'*azote* (de *a* privatif, et *zoé*, vie).

Les pellicules rouges, recueillies et chauffées dans une petite cornue, donnèrent du mercure et un gaz que l'on reconnut pour de l'*oxygène*. Et en mélangeant l'azote et l'oxygène dans les proportions indiquées par l'expérience, on obtenait un gaz ayant toutes les propriétés de l'air atmosphérique.

L'air est donc formé d'oxygène et d'azote, mais le procédé de Lavoisier ne peut donner les proportions exactes du mélange, parce que l'oxyde de mercure, chauffé, tend à se décomposer comme nous venons de le voir, et que l'oxygène n'est jamais complètement absorbé ; aussi emploie-t-on pour faire l'analyse de l'air des méthodes plus simples et plus précises.

31. Analyse de l'air. — 1° Par le phosphore à froid. — Dans une cloche graduée reposant sur le mercure et contenant un volume déterminé d'air, on introduit un bâton de phosphore humide (*fig.* 21) ; ce phosphore absorbe peu à peu l'oxygène de l'air, il répand des fumées blanches et luit dans l'obscurité, et l'acide phosphoreux formé se dissout dans l'eau dont le bâton est imprégné. Au bout de quelques heures, tout l'oxygène a disparu, les fumées et les lueurs ne se produisent plus ; on mesure alors le volume d'azote restant, en ayant soin de le ramener à la pression normale.

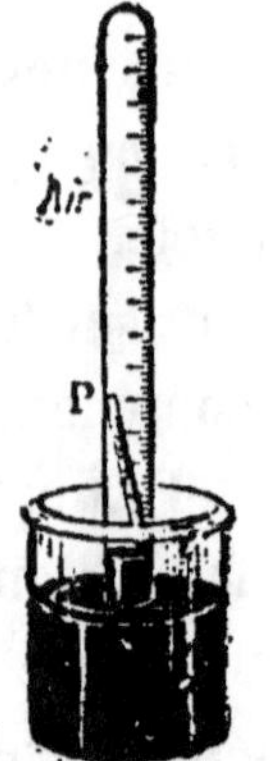

Fig. 21. — Analyse de l'air par le phosphore à froid.

On constate ainsi que 100^{cm3} d'air sont formés de 79^{cm3} d'azote et 21^{cm3} d'oxygène.

2° Par le phosphore à chaud. — Pour faire plus rapidement l'analyse de l'air, on en fait passer un volume connu dans une cloche courbe (*fig.* 22), reposant dans un verre d'eau, et l'on y introduit un morceau de phosphore. On chauffe le phosphore, il fond et se volatilise, ses vapeurs brûlent avec une flamme pâle qui descend jusqu'au niveau de

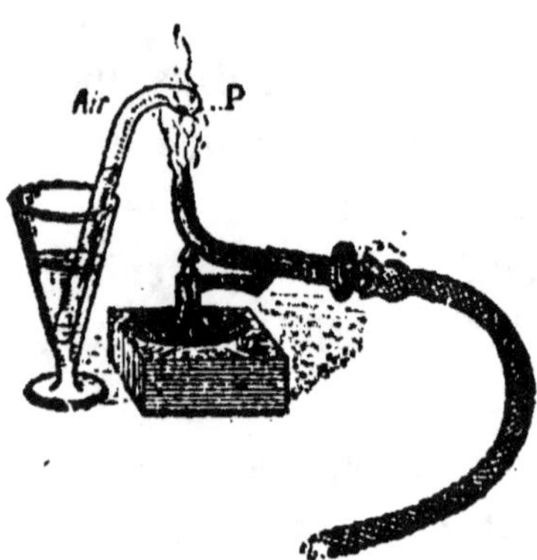

Fig. 22. — Analyse de l'air par le phosphore à chaud.

l'eau ; tout l'oxygène est alors absorbé, il s'est fait de l'anhydride phosphorique qui se dissout dans l'eau et il n'y a
plus qu'à mesurer le volume de l'azote ramené à la température et à la pression initiales.

3º **Analyse de l'air en poids** (*méthode de Dumas et Bous-
singault*). — Tous les procédés d'analyse en volumes ont l'inconvénient d'opérer sur des volumes très petits et qu'il est
difficile, comme nous l'avons déjà vu, de mesurer avec pré-
cision ; aussi a-t-on cherché à déterminer par des pesées la
composition rigoureuse de l'air.

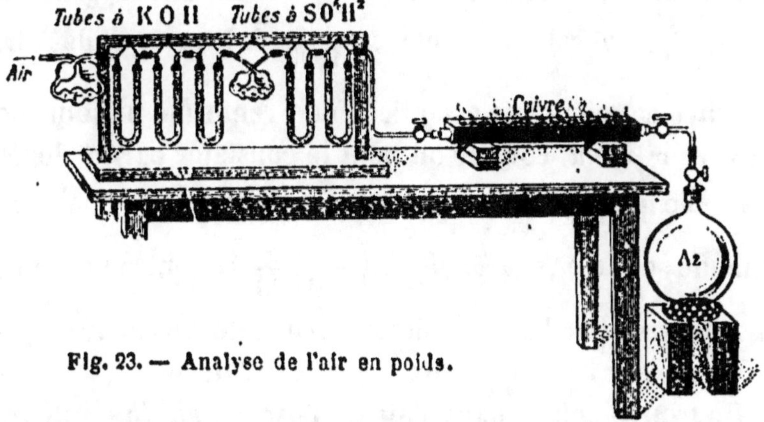

Fig. 23. — Analyse de l'air en poids.

Un ballon de verre à robinet, dans lequel on a fait le vide,
est relié à un tube de verre peu fusible, muni de deux robinets, contenant de la tournure de cuivre (*fig.* 23) ; on fait
aussi le vide dans ce tube, que l'on chauffe au rouge. Ce
tube communique avec une série de tubes en U et de tubes
de Liebig contenant de la potasse et de l'acide sulfurique
pour enlever le gaz carbonique et l'eau qui sont toujours
contenus dans l'air.

Le cuivre étant porté au rouge, on ouvre les trois robinets
en réglant les ouvertures de façon que l'expérience marche
lentement ; l'air qui tend à pénétrer dans le ballon vide,
arrive pur et sec sur le cuivre, qui prend l'oxygène pour faire
de l'oxyde de cuivre, et l'azote remplit le ballon et le tube.
Le poids de l'oxygène est donné par l'augmentation de poids
du cuivre, et celui de l'azote par l'augmentation du ballon,
plus le poids que perd le tube à cuivre quand on y fait de

nouveau le vide puisqu'il était resté plein d'azote. On trouve ainsi que dans 100ᵍ d'air il y a 23ᵍ d'oxygène et 77ᵍ d'azote. On peut en déduire la composition exacte en volumes :

$$\frac{\text{vol. oxygène}}{\text{vol. azote}} = \frac{\dfrac{23}{1^{g},293 \times 1,1056}}{\dfrac{77}{1^{g},293 \times 0,972}} = \frac{20,8}{79,2} ;$$

il y a donc dans 100ˡ d'air 20ˡ,8 d'oxygène et 79ˡ,2 d'azote.

En réalité, chaque gaz occupant tout l'espace qui lui est laissé, dans 100ˡ d'air il y a 100ˡ d'oxygène et 100ˡ d'azote, et il serait plus exact de dire que la *pression* de l'oxygène est les $\dfrac{208}{1000}$, et celle de l'azote les $\dfrac{792}{1000}$ de la pression de l'air.

Outre ces éléments essentiels, l'air renferme toujours de la *vapeur d'eau*, comme on peut le constater par le dépôt de rosée qui se fait sur les corps froids dans une chambre chaude ; et du *gaz carbonique* $\left(\dfrac{3}{10\,000} \right)$, dont la présence est montrée par la pellicule de carbonate de calcium qui se forme sur l'eau de chaux exposée à l'air.

On trouve encore dans l'air de l'*ozone* (9 à 250 milligr. pour 100ᵐ³), qui lui donne sa couleur bleue et le purifie ; de l'*ammoniaque* (0ᵍ,002 par mètre cube), qui joue un grand rôle dans la végétation ; un gaz $\left(\dfrac{1}{100} \text{ du vol. d'air} \right)$ récemment isolé par lord Rayleigh et W. Ramsay, en faisant passer le résidu de l'analyse de l'air par le cuivre sur du magnésium chauffé qui absorbe l'azote ; ce gaz, qui n'a d'action chimique sur aucun corps sauf la benzine, a été nommé l'*argon* (paresseux) ; d'autres gaz, encore plus récemment isolés, comme le *métargon* qui forme des flocons blancs dans l'argon liquéfié refroidi, le *néon*, le *krypton* un peu plus volatils que l'argon, l'*éthérion* dont la densité est bien plus faible, la conductibilité et la chaleur spécifique beaucoup plus grandes que celles de l'hydrogène ; des gaz provenant des réactions qui se produisent à la surface du sol, comme le gaz sulfureux, abondant surtout dans le voisinage des villes et des centres industriels ; enfin des *particules solides* en suspension, visibles quand un rayon de soleil les illumine dans une chambre noire. Ces particules sont formées de poussières minérales : grains de sable, de sel marin, de charbon, de débris organiques, et de germes de microbes, c'est-à-dire d'êtres microscopiques qui produisent les fermentations, les putréfactions, et qui, introduits dans l'organisme, peuvent causer des maladies.

32. L'air est un mélange et non une combinaison, ce qui résulte des remarques suivantes :

1° Si on mélange de l'oxygène et de l'azote dans les proportions déterminées par l'analyse de l'air, on obtient, sans changement de volume et sans dégagement de chaleur, un gaz qui a toutes les propriétés de l'air ; et si les volumes mélangés sont seulement voisins des proportions voulues, le gaz formé présente quand même les propriétés de l'air, tandis que la combinaison s'effectue toujours entre volumes en rapport constant ;

2° Les volumes de gaz qui se combinent sont toujours dans un rapport simple, tandis que le rapport de 208 d'oxygène à 792 d'azote n'est pas simple ;

3° Si l'on analyse l'air dissous dans l'eau, on trouve qu'il renferme 33 vol. d'oxygène pour 67 vol. d'azote ; chaque gaz s'est dissous comme s'il était seul, tandis que si l'air était une combinaison, il aurait un coefficient de solubilité propre, et garderait sa composition dans l'eau.

4° En laissant évaporer de l'air liquide, on remarque

que l'azote et l'oxygène s'évaporent chacun comme s'il était seul, ce qui ne se produirait pas si l'air était une combinaison.

33. Constance de la composition de l'air. — La vapeur d'eau et le gaz carbonique se produisent continuellement en abondance à la surface du sol par suite de l'évaporation, de la respiration, des combustions et des fermentations ; la quantité de vapeur d'eau contenue dans l'air, que l'on peut déterminer avec les hygromètres, est très variable ; elle est limitée par la condensation sous forme de pluie ou de neige, dès que la tension maxima de la vapeur est atteinte.

La proportion de gaz carbonique, que l'on peut déterminer par le même procédé que la vapeur d'eau, à l'aide d'un aspirateur qui fait passer un courant d'air dans des tubes à potasse, ne varie qu'entre 3 et 4 dix millièmes, malgré la quantité énorme de ce gaz qui se répand chaque jour dans l'atmosphère ; elle diminue quand on s'élève dans l'air, et augmente un peu au-dessus des villes. De même la quantité d'oxygène reste constante, bien que les animaux et les plantes en absorbent, que les combustions et toutes les oxydations lentes en enlèvent à l'air.

Cela tient d'abord à la masse énorme de l'atmosphère ; puis à l'action des parties vertes des *végétaux* qui, sous l'influence de la lumière, décomposent le gaz carbonique en gardant le carbone et rejetant l'oxygène ; enfin à l'action du *carbonate de calcium* dissous dans l'eau, qui absorbe le gaz carbonique et forme du bicarbonate, si la proportion de ce gaz augmente dans l'air, tandis que le bicarbonate se dissocie et dégage du gaz carbonique quand la quantité diminue, jouant ainsi le rôle de régulateur (65).

Quant aux microbes, ils sont rapidement détruits par l'ozone et par le soleil ; c'est pourquoi la propagation des maladies contagieuses se fait moins par l'air que par le contact des personnes malades ou des objets qu'elles ont touchés.

34. Air confiné. — Si au lieu de considérer la composition de l'air libre, on étudie celle de l'air enfermé dans un espace clos, où séjournent un grand nombre de personnes, on constate que la quantité d'oxygène diminue tandis que celle de gaz carbonique augmente rapidement. De plus la respiration et la transpiration produisent des émanations qui donnent à l'atmosphère cette odeur désagréable caractéristique de l'air confiné, et la rendent malsaine. L'action nuisible de cet air augmente avec la proportion du gaz carbonique, et quand cette proportion atteint $\frac{1}{100}$ en volume, elle produit une sensation très prononcée de malaise. L'effet est encore plus rapide si le chauffage et l'éclairage des salles s'ajoutent à la respiration pour dégager du gaz carbonique. De là, la nécessité d'assurer le renouvellement de l'air, surtout dans les théâtres, les écoles, ou les chambres à coucher.

35. Rôle de l'air. — L'air, par l'oxygène qu'il contient, entretient les combustions et la vie des êtres organisés ; il est nécessaire aussi bien au développement des végétaux, à la germination des graines, qu'à la vie des animaux aquatiques ou aériens ; et de sa pureté dépend la santé des êtres qui y vivent.

Air liquide. — L'air est très difficilement liquéfiable ; pourtant M. Linde est parvenu depuis peu, en employant le froid produit par la détente de l'air d'abord fortement comprimé, à produire de l'air liquide en quantité considérable et à très bas prix ; cette fabrication a des applications très importantes.

L'air liquide est transparent, légèrement bleuté ; il bout à — 192°. Pour le conserver, au lieu d'employer des réservoirs métalliques où il s'échaufferait et redeviendrait gazeux, et qui devraient présenter une résistance énorme, la tension maxima de l'air à la température ordinaire dépassant 800^{atm}, on se sert des ballons d'Arsonval. Ce sont des ballons de verre (*fig. 24*), à doubles parois argentées entre lesquelles on a fait le vide, ce qui empêche la chaleur de les traverser. L'air liquide y reste donc à une température très basse, et son évaporation est si lente qu'on peut en conserver pendant une quinzaine de jours.

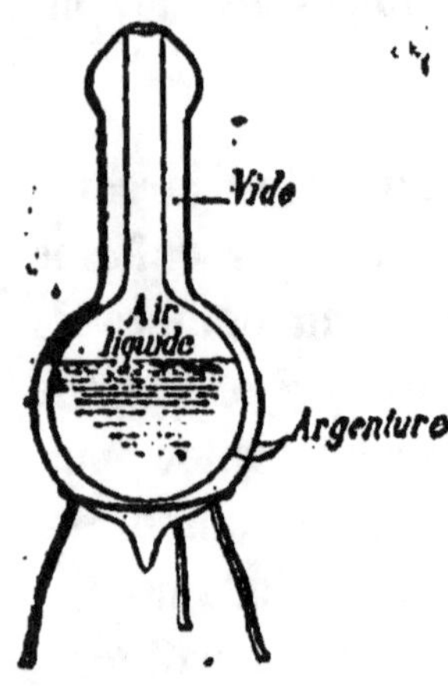

Fig. 24. — Ballon d'Arsonval.

Les corps mis en contact avec l'air liquide subissent, par suite du refroidissement auquel ils sont soumis, des modifications d'état ou de structure ; la main peut y être plongée sans danger, parce que l'air se vaporisant autour d'elle empêche le contact réel ; mais la couche gazeuse isolante disparaît rapidement, et le refroidissement produit sur la main, si on ne la retire pas aussitôt, l'effet d'une brûlure au fer rouge. Le mercure, l'alcool, se solidifient dans l'air liquide ; le fer, la viande, les corps élastiques comme le caoutchouc, y deviennent durs et cassants comme du verre.

Si on laisse évaporer de l'air liquide, l'azote, bouillant à — 182° tandis que l'oxygène bout à — 194°, se dégage le premier, et le liquide devient de plus en plus riche en oxygène. L'air liquide peut donc servir d'oxydant énergique, ce qui explique pourquoi, versé sur de la poudre de charbon, il détone violemment par l'inflammation d'une capsule de fulminate ; il fournit ainsi un explosif puissant, bien moins dangereux à conserver et à manier que la dynamite, puisqu'on ne fait le mélange explosif qu'au moment de l'employer.

La séparation spontanée, par évaporation, de l'air liquide en azote et oxygène permet de préparer l'oxygène liquide à très bas prix, et c'est actuellement la plus importante des applications de l'air liquide.

Azote.

Symbole : Az. — Poids atomique : 14.

36. Propriétés. — L'azote, découvert en 1772 par Rutherford et qui forme les 4/5 de l'atmosphère, est un gaz incolore, inodore, sans saveur, de densité 0,972 ; 1 litre d'azote pèse donc $1^g,293 \times 0,972 = 1^g,263$. Un litre d'eau en dissout 20^{cm^3} à 0°.

Il se liquéfie très difficilement et forme un liquide incolore qui bout à — 182° et se solidifie en une masse neigeuse vers — 200°.

Il ne brûle pas et n'entretient ni la combustion, ni la respiration : une bougie allumée s'y éteint, un animal y meurt non pas empoisonné, mais faute d'oxygène ; de là le nom d'azote que lui a donné Lavoisier.

Il n'a d'action ni sur le tournesol, ni sur l'eau de chaux.

Il ne se combine directement, à la température ordinaire, avec aucun corps.

Sous l'action continue des étincelles électriques, il se combine avec *l'oxygène* pour former divers oxydes, ou avec *l'eau* en donnant de l'azotite et de l'azotate d'ammonium, ce qui explique la présence de ces composés dans l'air et dans la pluie après les orages.

Fig. 25. — Préparation de l'azote par le phosphore.

37. Préparation. — Il est très facile d'extraire l'azote de l'air, puisqu'il existe un grand nombre de corps qui s'unissent à l'oxygène sans agir sur l'azote ; on emploie surtout pour cela le phosphore ou le cuivre.

1° Sur un large bouchon de liège flottant sur l'eau, on place une coupelle de terre contenant un morceau de *phosphore* qu'on enflamme, et on recouvre le tout d'une cloche (*fig.* 25). Le phosphore se combine à l'oxygène en formant de l'anhydride phosphorique (P^2O^5), qui se dissout dans l'eau, et l'azote reste seul ; l'eau monte dans la cloche pour remplacer l'oxygène disparu.

2° On peut obtenir de l'azote plus pur en faisant passer un courant d'air, desséché et débarrassé du gaz carbonique, sur du cuivre chauffé au rouge dans un tube de verre peu

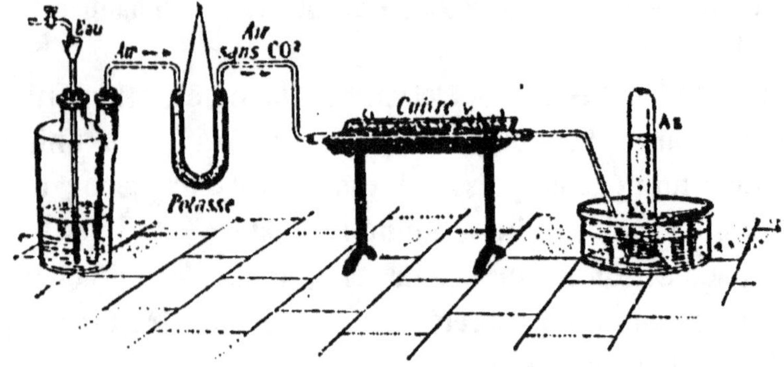

Fig. 26. — Préparation de l'azote par le cuivre.

fusible (*fig.* 26). On détermine ce courant d'air, qui doit être très lent, en faisant tomber goutte à goutte de l'eau dans un flacon, d'où l'air est chassé dans des tubes à pierre ponce imbibée de potasse, et de là dans le tube à cuivre. On recueille sur la cuve à eau l'azote mélangé aux gaz récemment découverts dans l'air, argon, métargon, néon, etc.

3° L'azote extrait de l'air renferme toutes les impuretés qui pouvaient exister dans l'air ; aussi quand on veut l'avoir très pur, on le prépare en chauffant dans une cornue de verre une dissolution très concentrée d'*azotite d'ammonium*, sel blanc cristallisé : il se fait de l'azote et de la vapeur d'eau ; la réaction peut être représentée par l'égalité

$$AzO^3.AzH^4 = 2H^2O + 2Az.$$

azotite   eau   azote
d'ammonium

38. Rôle de l'azote. — L'azote, malgré ses propriétés négatives, est important parce qu'il tempère les propriétés de l'oxygène dans l'air et le rend respirable ; de plus il entre dans la composition d'un grand nombre de tissus organiques ; aussi les substances azotées doivent-elles faire nécessairement partie de l'alimentation et des engrais fournis aux plantes.

Les légumineuses prennent l'azote directement à l'air, dans le sol, sous l'influence d'un microbe spécial qui développe des nodosités sur leurs racines ; mais les autres végétaux l'empruntant à la terre, il doit être restitué au sol par des *engrais azotés*. La fabrication de ces engrais, qui a pris beaucoup d'importance, commence à se faire industriellement au moyen de l'azote de l'air, par deux procédés : l'un consiste à combiner, par l'action de l'arc électrique, l'azote avec l'oxygène de l'air et la vapeur d'eau pour faire de l'acide azotique que l'on transforme en *azotate de calcium* ; dans l'autre, on chauffe entre 1000 et 1100° de l'azote avec du carbure de calcium ; il se fait du charbon et de la *cyanamide de calcium*, composé de carbone, azote et calcium qui, au contact de l'eau dans le sol, se décompose en donnant de l'ammoniaque. L'air peut donc devenir une source inépuisable d'engrais azotés.

RÉSUMÉ DU CHAPITRE IV

L'*air* est un mélange gazeux formé essentiellement de $\frac{1}{5}$ d'oxygène et $\frac{4}{5}$ d'azote en volume; on détermine sa composition en absorbant l'oxygène d'un volume d'air connu, soit par le phosphore à froid, soit par le phosphore à chaud, soit par le cuivre chauffé au rouge (analyse en poids); on trouve alors que 100ᵍ d'air contiennent 23ᵍ d'oxygène et 77ᵍ d'azote.

L'air renferme encore de la vapeur d'eau en quantité variable, du gaz carbonique $\left(\frac{3}{10000}\right)$ et des gaz divers en très petites quantités ; il tient en suspension des poussières minérales, des débris organiques et des germes vivants.

L'air est un mélange et non une combinaison : les gaz qui le forment ne s'unissent pas dans un rapport simple, et gardent leurs propriétés comme s'ils étaient seuls.

La composition de l'air est sensiblement constante, de quelque région qu'il provienne, grâce à l'action des végétaux et des carbonates de calcium. L'air confiné est d'autant plus dangereux qu'il renferme plus de gaz carbonique.

L'air est le seul gaz propre à entretenir la vie.

L'azote (Az = 14) forme les $\frac{4}{5}$ de l'atmosphère ; c'est un gaz incolore, inodore, peu soluble ; il ne brûle pas et n'entretient ni la combustion ni la respiration, il n'agit ni sur le tournesol, ni sur l'eau de chaux et ne se combine directement à aucun corps à la température ordinaire.

On l'extrait de l'air, en enlevant l'oxygène par le phosphore ou par le cuivre chauffé au rouge.

Il tempère les propriétés de l'oxygène dans l'air.

CHAPITRE V

CARBONE
Symbole : C. — Poids atomique : 12.

---

39. Propriétés caractéristiques. — Le carbone ou charbon pur existe dans la nature à l'état de *diamant* et de *graphite* ; mais il est l'élément essentiel d'un grand nombre de corps appelés charbons et dont les propriétés physiques sont si différentes qu'elles ne peuvent servir à caractériser le carbone.

Tous ces corps ont cependant quelques propriétés communes : ils sont solides, insolubles dans tous les liquides sauf la fonte de fer et quelques métaux en fusion, infusibles aux plus hautes températures de nos fourneaux, mais ils ont pu être fondus et volatilisés dans l'arc électrique et le four électrique, et l'on a obtenu ainsi des cristaux de diamant microscopiques.

En brûlant dans l'air, ils donnent du gaz carbonique, reconnaissable à ce qu'il éteint une allumette enflammée sans brûler lui-même, et trouble l'eau de chaux.

40. Propriétés physiques. — Le carbone se présente sous forme de cristaux et à l'état amorphe. L'étude de ses propriétés physiques se ramène à celle de ses variétés.

I. — Carbone cristallisé.

Diamant.

41. Propriétés. — Le diamant est du carbone presque pur cristallisé dans le système cubique (*fig.* 27), en oc-

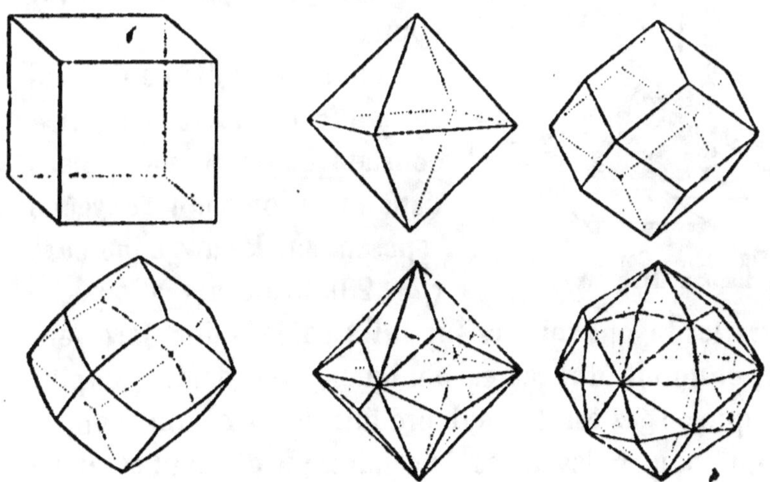

Fig. 27. — Diamants bruts.

taèdres réguliers, ou en solides à 12, 48 ou 64 faces, dont les arêtes sont souvent courbes. Il est ordinairement incolore, quelquefois coloré en jaune, rose, bleu ou noir. Sa densité varie entre 3,5 et 3,55. Il est très réfringent, c'est-à-dire qu'il change la direction des rayons lumineux ; mais les diamants bruts sont généralement opaques et striés à leur surface, et ne produisent les jeux de lumière qui les font rechercher qu'après avoir été taillés.

Le diamant est mauvais conducteur de la chaleur et de l'électricité. C'est le plus dur de tous les minéraux connus, il les raie tous, et on ne peut le rayer et l'user qu'avec sa propre poussière.

On trouve les diamants disséminés dans des sables d'alluvion aux Indes, dans l'île de Bornéo, le Brésil ; on en a découvert des gisements importants au cap de Bonne-Espérance, mais ils sont moins estimés que ceux des autres contrées.

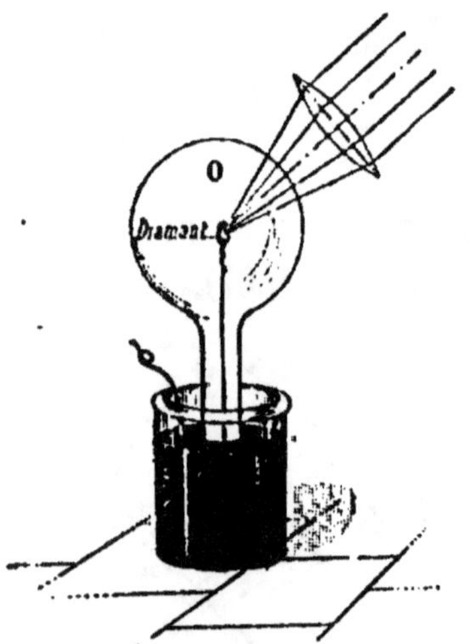

Fig. 28. — Combustion du diamant dans l'oxygène.

La nature du diamant a été reconnue par Lavoisier : il a constaté qu'un diamant, placé dans un ballon plein d'oxygène reposant sur la cuve à mercure (*fig.* 28), brûle quand on concentre les rayons solaires sur lui à l'aide d'une forte lentille, et donne du gaz carbonique. Davy démontra plus tard que ce gaz est le seul produit de la combustion, et qu'il n'y a que des traces de cendres ; le diamant est donc du carbone pur. Il brûle très difficilement dans l'air.

42. Taille du diamant. — La taille a pour but de donner au diamant un grand nombre de facettes pour multiplier les jeux de lumière. Les diamants sont d'abord dégrossis par clivage suivant des plans parallèles aux faces du cristal naturel. On use ensuite deux diamants l'un contre l'autre pour produire les facettes que doit présenter la pierre ; enfin ces facettes sont polies par frottement sur des meules d'acier, recouvertes de poussière de diamant, ou *égrisée*, humectée d'huile, et animées d'un mouvement rapide de rotation.

Les diamants de peu d'épaisseur se taillent en *rose* (*fig.* 29), c'est-à-dire que la face inférieure est plate, la partie supérieure formant un dôme à 24 facettes. Les diamants épais se taillent en *brillant* ; la face plane supérieure est entourée de facettes obliques, et la partie inférieure forme une pyramide plus allongée terminée par une face très petite ; les facettes étant bien plus nombreuses que dans la rose, l'éclat est aussi plus grand ; les brillants se montent à jour.

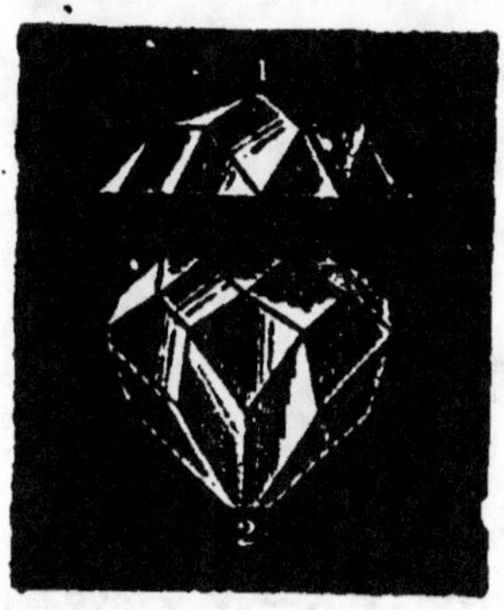

Fig. 29. — Diamants taillés : 1, en rose ; — 2, en brillant.

Le diamant est le plus cher de tous les corps ; sa valeur dépend de son poids et de sa limpidité, de son *eau*. — Le poids des diamants s'évalue, depuis la loi du 22 juin 1909, en France, en *carats métriques* valant 0ᵍ,2, et le prix d'un diamant augmente proportionnellement au carré de son poids. Mais cette règle n'est qu'approximative, la valeur d'ailleurs purement conventionnelle d'un diamant dépendant aussi de sa forme, de sa taille, de son éclat, et devenant énorme pour les diamants d'une grosseur exceptionnelle.

Le plus gros diamant connu est le *Cullinan*, trouvé en

1905 dans la mine Premier au Transvaal, qui pesait brut 3105 carats métriques (621ᵍ) et avait 10ᶜᵐ de long sur 3ᶜᵐ3/4 d'épaisseur ; il a été coupé en trois fragments, dont le plus gros a été offert au roi d'Angleterre. Ensuite viennent l'*Excelsior* (997,3 carats métriques), puis le diamant du rajah de Bornéo, qui pèse 307,5 carats métriques ; le *Régent* de France, bien qu'il ne pèse que 140,4 carats métriques, est l'un des plus beaux, à cause de sa transparence et de la perfection de sa taille.

43. Usages. — Le diamant est employé non seulement en joaillerie, mais encore pour entailler et graver les pierres fines, pour faire des pivots d'horlogerie. Les diamants noirs, qui sont les plus durs, servent à faire l'égrisée, à garnir les pointes des outils avec lesquels on perce les trous de mine dans les roches très dures, ou pour travailler le porphyre au tour. Un éclat de diamant, enchâssé dans un outil, permet de couper le verre grâce à ses arêtes courbes, qui, après avoir rayé le verre, y pénètrent comme un coin, en écartant les bords de la fente.

Graphite.

44. Le graphite, appelé encore *plombagine* ou *mine de plomb*, est un corps solide, opaque, gris d'acier, doué d'un éclat métallique, se présentant en paillettes brillantes ou en prismes hexagonaux.

Il est onctueux au toucher, friable ; il est rayé par l'ongle, et laisse sur le papier une trace couleur de plomb, d'où son nom et l'usage qu'on en fait pour fabriquer des crayons.

Sa densité est 2,2. Il est bon conducteur de la chaleur et de l'électricité ; il ne brûle dans l'oxygène qu'à une température élevée.

Il contient toujours 1 à 2 % d'impuretés.

Le graphite se trouve dans les terrains primitifs en France, en Espagne, en Angleterre, en Sibérie.

On l'obtient artificiellement en paillettes hexagonales, par le refroidissement lent de la fonte saturée de charbon; c'est lui qui donne à la fonte grise sa couleur.

Usages. — Le graphite sert à faire des crayons, à noircir les objets de fer et de fonte et à les préserver de la rouille, à rendre conductrice la surface des moules de gutta-percha ou de plâtre qu'on emploie en galvanoplastie. Mêlé à de l'argile réfractaire, il sert à faire des creusets résistant aux plus hautes températures de nos fourneaux; avec de l'huile, il est employé pour graisser les engrenages et ainsi adoucir leur frottement.

II. — Carbone amorphe.

45. A l'état amorphe, on connaît de nombreuses variétés de carbone, dont les unes, souvent très impures, se trouvent dans la nature et constituent les *combustibles naturels*: anthracite, houille, lignite, tourbe; les autres, obtenues par la calcination incomplète des matières organiques qui transforme l'oxygène, l'hydrogène et l'azote de ces substances en produits volatils, renferment du carbone en proportion très variable, pur si la matière organique ne contenait pas de substances minérales. Parmi ces charbons artificiels, on trouve: le *charbon de sucre*, le *noir de fumée*, le *noir animal*, et les *combustibles artificiels*: charbon des cornues, coke, charbon de bois.

46. Charbon de sucre. — Le sucre calciné dans un creuset de terre fond, brunit, dégage des gaz combustibles

en même temps qu'il se boursoufle, et laisse comme résidu
un charbon très volumineux, poreux, léger, fragile mais
dur, d'un noir très brillant ; c'est du carbone très pur,
laissant seulement des traces de cendres quand on le brûle.

47. Noir de fumée. — Les substances riches en carbone,
comme les résines, les essences végétales, les huiles, les
graisses, donnent en brûlant à l'air une flamme fuligineuse
qui laisse sur les corps froids un dépôt de charbon pulvérulent presque pur, le noir de fumée ; c'est ainsi que se
forme la suie dans les cheminées.

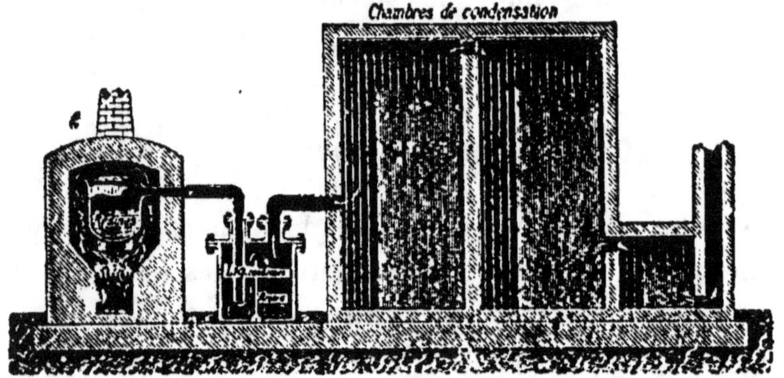

Fig. 30. — Préparation du noir de fumée.

Dans l'industrie, on brûle les résines ou les huiles dans
une marmite en fonte (*fig.* 30) ; on allume les vapeurs, et
le noir de fumée se dépose dans des chambres de maçonnerie dont les parois sont tendues de toiles. Le noir de
fumée le plus fin et le plus pur se dépose dans les parties
les plus éloignées du foyer ; il contient encore des matières
grasses ou résineuses dont on le débarrasse en le calcinant
dans un creuset fermé.

Le noir de fumée est employé dans la peinture, la fabrication de l'encre de Chine et de l'encre d'imprimerie, du

cirage; mêlé à de l'argile, il sert à faire les crayons à dessin.

48. Noir animal. — Les os sont formés d'une matière organique, l'osséine, imprégnée de substances minérales, qui sont surtout du phosphate et du carbonate de calcium.

Si on calcine les os en vase clos, c'est-à-dire à l'abri de l'air, l'osséine se détruit en laissant du carbone, les os deviennent noirs, et conservent leur forme ; on les réduit en grains, qui constituent le noir animal, ne renfermant guère que 10 à 12 % de carbone, avec toutes les matières minérales des os.

Le noir animal, très poreux, retient les matières colorantes ; ainsi en l'agitant avec du vin rouge ou de la teinture de tournesol, et filtrant, on obtient un liquide incolore. La matière colorante reste dans le noir animal, et peut être enlevée par des dissolvants comme l'éther ou la benzine. Il absorbe aussi les gaz dissous dans l'eau stagnante et les sels en dissolution dans les liquides, et peut servir de désinfectant. Ces propriétés le font employer pour décolorer les jus sucrés, le miel, les sirops, le phosphore brut, les huiles, la vaseline, etc., pour faire des filtres ; quand il a servi quelque temps à ces usages, il perd ses propriétés absorbantes, mais on peut le revivifier. Cette revivification se fait en lavant le noir par l'acide chlorhydrique étendu pour dissoudre les sels calciques absorbés, puis à l'eau, et en le calcinant ensuite pour détruire partiellement les matières organiques qui régénèrent le carbone détruit par l'usage.

Quand, par un long usage, il a perdu les propriétés que la revivification ne peut plus lui rendre, on l'emploie en agriculture comme engrais.

Combustibles naturels.

49. On emploie comme combustibles des corps de composition très variable, mais très riches en carbone, que l'on trouve dans le sol, et qui proviennent de la décomposition dans la terre ou sous l'eau de végétaux ayant vécu à des époques géologiques très reculées. Ils sont d'autant plus riches en carbone qu'ils appartiennent à une époque plus ancienne.

50. Anthracite. — L'anthracite, appelé quelquefois *charbon de pierre*, est compact, brillant, dur, noir ou d'un aspect semi-métallique; sa densité varie entre 1,2 et 2. Il contient de 90 à 95 % de carbone. Il produit beaucoup de chaleur en brûlant, mais ne brûle que dans les foyers ayant un fort tirage; on l'emploie surtout dans l'industrie.

L'anthracite se trouve dans les terrains antérieurs au terrain carbonifère.

51. Houille. — La houille ou *charbon de terre*, de formation plus récente, est noire, opaque, brillante, souvent feuilletée, tendre; sa densité varie de 1,16 à 1,6. On y trouve souvent des empreintes de feuilles, de tiges, qui montrent bien son origine végétale. Elle renferme de 75 à 90 % de carbone, avec de l'hydrogène, de l'oxygène, de l'azote et des matières minérales.

Elle contient des bitumes, aussi brûle-t-elle avec une flamme plus ou moins fuligineuse, en dégageant une odeur spéciale; les *houilles grasses* fondent et se boursouflent pendant leur combustion; les *houilles maigres* ou *sèches* brûlent avec une flamme courte, et ne se boursouflent pas.

La houille, chauffée en vase clos, dégage des gaz combustibles (gaz d'éclairage) et des produits volatils (eaux ammoniacales, goudrons), et laisse un résidu solide, le coke (159).

La houille est employée comme combustible surtout dans l'industrie; et pour la fabrication du gaz d'éclairage et d'un grand nombre de corps : benzine, matières colorantes, etc. qui proviennent de sa décomposition pyrogénée.

52. Lignites. — Les lignites, d'origine encore plus récente, puisqu'on les trouve dans les terrains tertiaires, conservent encore la forme et même la structure des végétaux. Ils sont noirs ou brun cendré ; ils contiennent 48 à 60 % de carbone, et brûlent avec une flamme fuligineuse en répandant une odeur désagréable.

Le *jais* ou *jayet* est une variété de lignite, noir, compact, susceptible de prendre un beau poli, ce qui le fait employer en bijouterie ; il provient de la décomposition lente d'arbres résineux.

53. Tourbe. — La tourbe provient de végétaux appartenant à l'époque géologique actuelle et vivant dans les marais, comme les sphaignes, les prèles, les joncs, les roseaux. C'est une matière brune ou grise, terne, spongieuse, mêlée de vase et de terre. Elle est combustible quand elle est sèche mais dégage peu de chaleur, et beaucoup de fumée d'une odeur désagréable. Elle contient de 24 à 60 % de carbone.

Combustibles artificiels.

54. Charbon des cornues. — Les hydrocarbures, composés de carbone et d'hydrogène, qui se dégagent de la houille quand on la chauffe en vase clos, se décomposent au contact des parois des cornues fortement chauffées où l'on effectue cette opération ; il se dépose à la partie supérieure de ces cornues un charbon noir, compact, très dur, de densité 2,4, très bon conducteur de la chaleur et de l'électricité ; c'est du carbone presque pur.

On l'emploie pour faire le pôle positif dans les piles de Bunsen, les conducteurs entre lesquels jaillit l'arc voltaïque, les charbons des microphones. On en fait des tubes, des creusets infusibles à la température de nos fourneaux, et dans lesquels on chauffe les substances qui doivent être protégées contre l'action de l'oxygène.

Le charbon des cornues s'enflamme difficilement par suite de sa conductibilité, mais cassé en petits morceaux, dans un foyer d'un fort tirage, il constitue un très bon combustible à cause de sa pureté : il ne laisse presque pas de cendres et n'attaque pas les creusets métalliques.

55. Coke. — Le coke, résidu de la décomposition pyrogénée de la houille, est poreux, grisâtre, terne ou brillant, quelquefois doué d'un éclat métallique, très léger, dur. Il conserve la forme de la houille quand il provient de houilles maigres ; il est très spongieux, boursouflé, quand il provient de houilles grasses.

Il contient 88 à 90 % de carbone avec toutes les matières minérales de la houille, aussi laisse-t-il beaucoup de cendres. Il brûle sans flamme et sans fumée, en dégageant beaucoup de chaleur ; c'est un combustible très employé, mais surtout dans l'industrie, car il s'allume difficilement s'il est en petite quantité.

56. Charbon de bois. — Ce charbon s'obtient par la calcination du bois, et contient toutes les matières minérales du bois. On le prépare soit par le procédé des meules, soit par le procédé des cylindres.

1° Procédé des meules. — Pour construire une meule dans la forêt même où l'on coupe le bois, on enfonce au

centre d'une aire plane, bien battue, quelques longues
perches qui forment une sorte de cheminée autour de
laquelle on dispose régulièrement le bois que l'on veut
calciner (*fig.* 31). On forme ainsi une sorte de dôme, que
l'on recouvre de petites branches, de feuilles, de mousse et

Fig. 31. — Fabrication du charbon de bois : coupe d'une meule
et meule couverte.

enfin de terre, en ménageant à la partie inférieure de la
meule des ouvertures pour l'entrée de l'air.

On allume la meule en jetant dans la cheminée du bois
enflammé ; la combustion se propage peu à peu, et comme
l'air arrive en quantité insuffisante, le bois perd de l'eau,
de l'hydrogène, des produits volatils, et le charbon reste.

On règle la combustion en pratiquant des ouvertures
latérales ou *évents* d'abord vers le haut de la meule ;
quand la carbonisation est achevée dans leur voisinage, et
que la fumée d'abord noire est devenue claire, on bouche
ces évents et on en ouvre d'autres plus bas, et ainsi de
suite. Enfin, on bouche toutes les ouvertures avec de la
terre et on laisse refroidir avant de démolir la meule.

On sépare le charbon bien cuit des *fumerons*, qui sont
bruns, ternes, difficiles à casser, et dégagent de la fumée
en brûlant.

Ce procédé est expéditif, peu coûteux, puisqu'il s'emploie sur place, et économise les frais de transport, le bois pesant 4 à 5 fois plus que le charbon produit, mais il ne donne qu'un faible rendement, car une partie du carbone est brûlée, et tous les produits volatils sont perdus.

2° Procédé des cylindres. — La décomposition pyrogénée du bois se fait dans des cylindres de tôle (*fig. 32*), où le bois est chauffé par un foyer extérieur.

Ces cylindres communiquent avec des récipients refroidis où l'on condense des goudrons, de l'acide pyroligneux ou vinaigre de bois, de l'esprit de bois ; les gaz qui échappent à la condensation sont combustibles et servent en partie à l'alimentation du foyer.

Il reste dans les cornues de 25 à 27 °/₀ de charbon

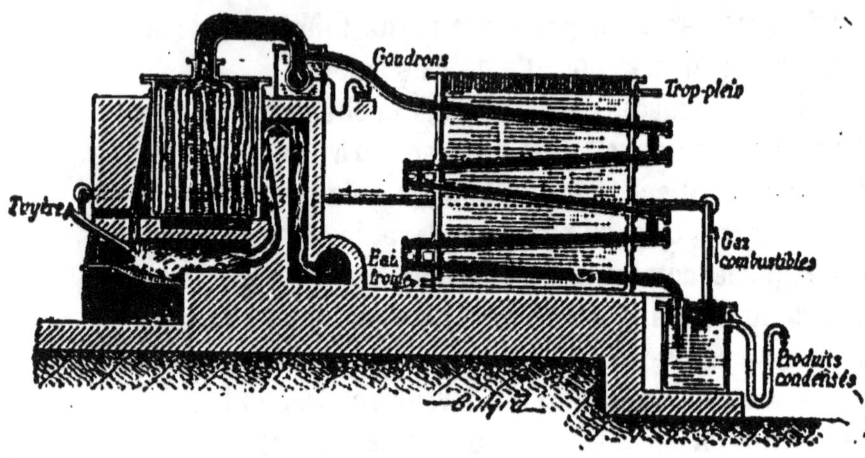

Fig. 32. — Carbonisation du bois en vase clos.

do bois, bien plus homogène que celui des meules.

Les frais d'installation sont compensés par la valeur des produits obtenus ; et ce procédé doit être employé quand son a besoin d'un charbon très combustible, comme dan la fabrication de la poudre.

Propriétés. — Le charbon de bois bien préparé est noir, dur, compact, sonore et cassant ; il conserve la forme des branches.

Il renferme 85 à 90 % de carbone, et brûle sans flamme et sans odeur, en laissant 2 à 3 % de cendres.

Il conduit d'autant mieux l'électricité et la chaleur, et par suite est d'autant moins inflammable qu'il a été préparé à plus haute température, aussi emploie-t-on pour mettre les conducteurs des paratonnerres en communication avec le sol, de la braise de boulanger, préparée à 1000° ou 1200°, tandis que pour faire la poudre on prend du charbon préparé dans des cylindres à 400°, avec des bois légers.

Le charbon de bois, très poreux, absorbe les gaz, les dissout comme le ferait un liquide, en les laissant ensuite dégager à l'air, et plus rapidement dans le vide ou si on le chauffe ; et ce sont les gaz les plus solubles dans l'eau qu'il absorbe en plus grande quantité. Ainsi 1 vol. de charbon absorbe : 90 vol. de gaz ammoniac, 85 vol. d'acide chlorhydrique, 65 vol. d'anhydride sulfureux, 55 vol. d'acide sulfhydrique, 9,25 vol. d'oxygène, 1,75 vol. d'hydrogène.

Si l'on chauffe un morceau de charbon pour chasser les gaz qu'il contenait, et qu'après l'avoir éteint sous le mercure pour qu'il n'absorbe pas d'air, on l'introduise dans une éprouvette de gaz ammoniac ou d'acide chlorhydrique, on voit le mercure monter rapidement dans l'éprouvette pour remplacer le gaz dissous, et le charbon répand ensuite l'odeur de l'ammoniaque ou de l'acide chlorhydrique.

Usages. — Cette propriété fait du charbon un désinfectant, très employé pour filtrer l'eau des marais, quand on est forcé d'employer cette eau aux usages domestiques : on la fait passer au travers d'une couche de charbon comprimée entre deux couches de sable (*fig.* 33), et le liquide perd toute odeur. Dans les ménages, on utilise de plus en plus des fontaines filtrant au charbon (*fig.* 34).

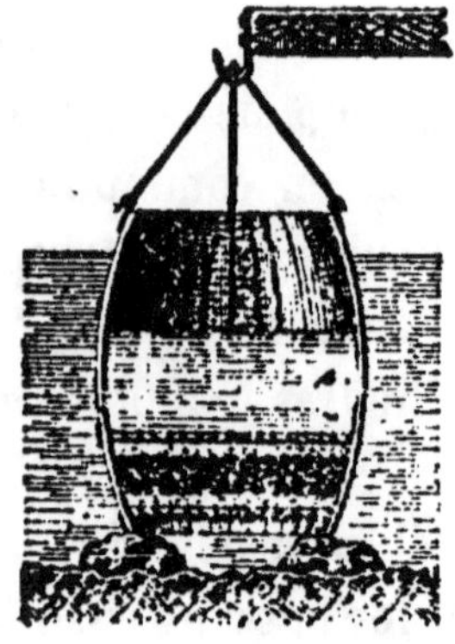

Fig. 33. — Tonneau-filtre.

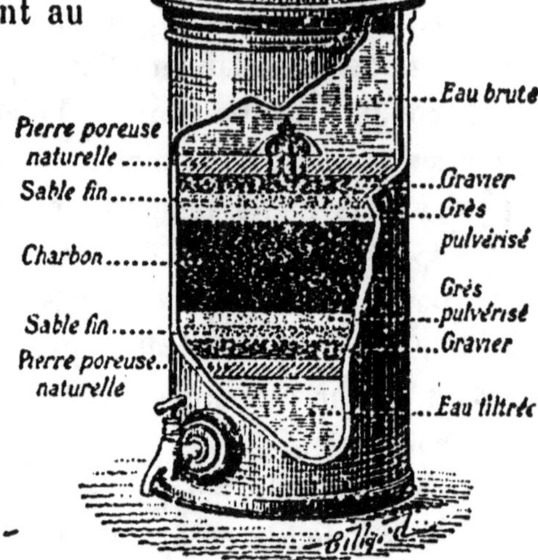

Fig. 34. — Filtre Buron.

Le charbon de bois sert encore à enlever toute mauvaise odeur aux viandes avariées, à désinfecter les fosses d'aisances ; enfin on l'emploie surtout comme combustible.

57. Propriétés chimiques du carbone. — Le carbone brûle dans l'*oxygène*, en formant du gaz carbonique (CO^2), et dégageant beaucoup de chaleur : 94.000 calories environ pour 12^g de carbone brûlés, c'est-à-dire de quoi porter la température de 940^g d'eau, de 0 à 100°.

Si la quantité d'oxygène est insuffisante pour former du gaz carbonique, la combustion produit de l'oxyde de carbone (CO).

Cette affinité du carbone pour l'oxygène explique son action sur certains composés oxygénés : si l'on fait passer un courant de vapeur d'*eau* sur de la braise chauffée au rouge dans un tube de porcelaine, on recueille un mélange d'hydrogène, de gaz carbonique et d'oxyde de carbone.

On peut représenter les réactions par les formules suivantes :
$$C + H^2O = 2H + CO \quad \text{au rouge vif;}$$
$$C + 2H^2O = 4H + CO^2 \quad \text{au rouge sombre.}$$

Si l'hydrogène et l'oxyde de carbone dominent, comme ils sont combustibles, le mélange brûle avec une flamme pâle; il a été ainsi employé pour le chauffage sous le nom de *gaz de l'eau*, et pour la production de force (moteurs à gaz tonnant).

Cette réaction explique pourquoi une faible quantité d'eau jetée sur un foyer active la combustion au lieu de l'éteindre, et montre le danger qu'il y aurait à chercher à éteindre un incendie avec un quantité insuffisante d'eau.

Le charbon réduit aussi la plupart des *oxydes métalliques*, en donnant le métal et du gaz carbonique ou de l'oxyde de carbone, suivant que la réaction se fait facilement ou au rouge vif.

On a, par exemple, avec l'oxyde de cuivre, la réaction
$$2CuO + C = 2Cu + CO^2;$$
et avec l'oxyde de zinc, la réaction
$$ZnO + C = Zn + CO.$$

De là l'emploi du charbon comme réducteur en métallurgie. Lorsque la réduction de l'oxyde se fait à une température très élevée, le carbone peut former avec le métal un carbure ; ainsi avec le fer il constitue la fonte et l'acier, corps très importants au point de vue industriel. De même avec la chaux, qu'il ne réduit que dans le four électrique, le carbone forme du *carbure de calcium* (C^2Ca), solide gris jaunâtre employé pour la préparation de l'acétylène :
$$CaO + 3C = CO + C^2Ca.$$

Le carbone peut encore s'unir à des corps simples autres que l'oxygène : chauffé dans la vapeur de *soufre*, il donne le sulfure de carbone (CS^2).

Le carbone s'unit directement à l'*hydrogène* sous l'influence de l'arc voltaïque ; il se produit de l'*acétylène* (C^2H^2);

cette réaction est importante parce qu'elle est le point de départ de la synthèse des carbures d'hydrogène, composés de carbone et d'hydrogène, dont le nombre est presque illimité.

RÉSUMÉ DU CHAPITRE V

Le *carbone* ($C = 12$) est très répandu dans la nature, soit presque pur, soit associé à des matières étrangères ; ces différentes variétés de carbone sont toutes solides, insolubles sauf dans la fonte de fer ; infusibles, sauf dans l'arc électrique ; en brûlant dans l'air, elles dégagent du gaz carbonique.

Le *diamant* est du carbone presque pur, cristallisé, très réfringent, mauvais conducteur ; c'est le plus dur des corps. On le taille avec sa propre poussière il est employé en joaillerie, en horlogerie et pour tailler les roches dures.

Le *graphite* ou plombagine est en paillettes, gris métallique, tendre, bon conducteur. Il sert à faire des crayons, des creusets, à noircir la fonte, etc.

Le *charbon de sucre*, obtenu en calcinant le sucre, est noir, poreux et très pur.

Le *noir de fumée* provient de la combustion incomplète des résines, des huiles ; il est noir, pulvérulent. On l'emploie en peinture, et pour faire l'encre d'imprimerie, le cirage, les crayons à dessin.

Le *noir animal* est le résidu de la calcination des os en vase clos ; il ne renferme que 10 % de carbone, avec les matières minérales des os. Il absorbe les matières colorantes, les gaz, les sels en dissolution, et sert surtout de décolorant.

Les *combustibles naturels*, provenant de la décomposition lente des végétaux, comprennent :

L'anthracite, ou charbon de pierre, dur, noir et compact ;

La houille ou charbon de terre, noire, brillante, fragile, employée pour le chauffage et la fabrication du gaz d'éclairage ;

Les lignites, noirs ou bruns, dont une variété, le jais, est susceptible d'un beau poli ;

La tourbe, terne, spongieuse, très impure.

Les *combustibles artificiels* sont :

Le charbon des cornues. noir, compact, dur, bon conducteur et très pur ;

Le coke, résidu de la décomposition de la houille en vase clos, poreux, grisâtre, très léger ;

Le charbon de bois, obtenu par la calcination incomplète du bois, noir, dur, sonore et cassant ; il absorbe les gaz, et peut servir de désinfectant.

Toutes les variétés de carbone brûlent dans l'oxygène, en formant du gaz carbonique, ou de l'oxyde de carbone. Le carbone décompose l'eau au rouge, et réduit la plupart des oxydes métalliques.

CHAPITRE VI

COMPOSÉS OXYGÉNÉS DU CARBONE

---

58. Avec l'oxygène, le carbone forme deux composés : l'oxyde de carbone (CO) et le bioxyde de carbone ou anhydride carbonique (CO^2).

Oxyde de carbone.
Formule : CO. — Poids moléculaire : 28.

59. Propriétés. — L'oxyde de carbone est un gaz incolore, inodore, sans saveur, de densité 0,967 ; il est très peu soluble dans l'eau et très difficilement liquéfiable.

Il est neutre au tournesol et ne trouble pas l'eau de chaux. Il est combustible et brûle avec une flamme bleue caractéristique en formant du gaz carbonique et dégageant beaucoup de chaleur.

Sa tendance à prendre de l'oxygène en fait un réducteur énergique, qui décompose la plupart des oxydes métalliques ; c'est l'oxyde de carbone qui réduit les minerais de fer dans les hauts fourneaux.

60. Production. — L'oxyde de carbone n'existe pas dans la nature ; il se produit quand du carbone brûle dans une quantité insuffisante d'air, ou quand du gaz carbonique passe sur du charbon chauffé au rouge, et dans la décomposition de l'eau par le charbon au rouge (57).

Pour l'avoir pur dans les laboratoires, *on décompose l'acide oxalique* ($C^2H^2O^4$) *par l'acide sulfurique*. L'acide oxalique est un corps blanc, cristallisé, que l'on peut regarder comme formé de gaz carbonique, d'oxyde de carbone et d'eau ; on le

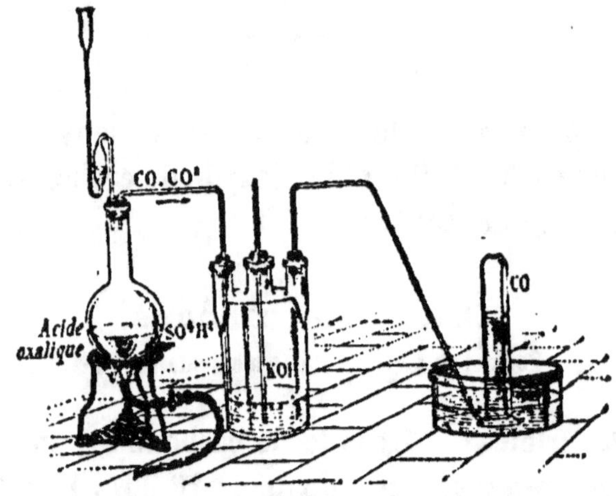

Fig. 35. — Préparation de l'oxyde de carbone.

chauffe dans un ballon de verre (*fig.* 35) avec l'acide sulfurique qui lui enlève les éléments de l'eau et il se dégage des volumes égaux d'oxyde de carbone et de gaz carbonique :

$$C^2H^2O^4 = H^2O + CO + CO^2.$$

acide   eau   oxyde de   gaz
oxalique   carbone   carbonique

On fait passer les gaz dans un flacon laveur à potasse qui retient le gaz carbonique, et on recueille l'oxyde de carbone sur la cuve à eau.

61. Action physiologique. — L'oxyde de carbone est un poison violent : $\frac{1}{100}$ dans l'air tue un oiseau, et dans les proportions de $\frac{3}{100}$ il peut tuer des animaux de grande taille. Il se fixe sur l'hémoglobine du sang en formant un composé stable que l'oxygène ne peut pas décomposer ; et par suite son action se continue même quand on respire ensuite dans un air pur.

Comme il n'a pas d'odeur, on ne s'aperçoit de sa présence dans l'atmosphère que par les troubles, vertiges et maux de tête, qu'il occasionne ; il faut alors déterminer une ventilation rapide. On peut cependant déceler la présence de l'oxyde de carbone par un moyen assez simple, que l'on devrait essayer dans les salles où la production de ce gaz est à craindre, et qui s'appuie sur la propriété qu'a l'oxyde de carbone de réduire l'anhydride iodique en iode. L'anhydride iodique est introduit (*fig.* 35 *bis*) dans

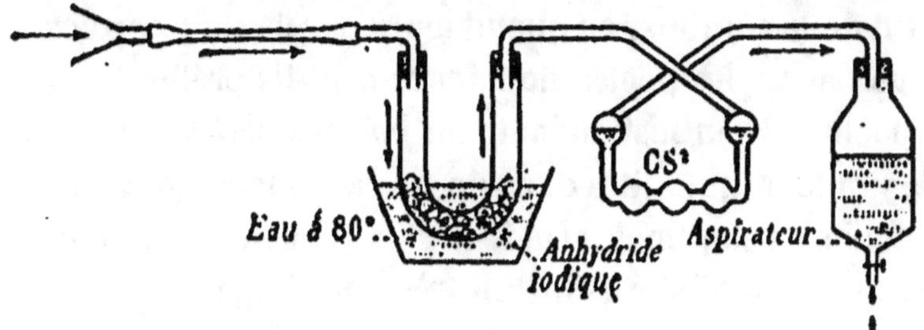

Fig. 35 bis. — Recherche de l'oxyde de carbone.

un tube en U chauffé par de l'eau à 80° environ ; le tube communique, par un tube de verre et un tube de caoutchouc, avec un entonnoir que l'on place à l'endroit où l'oxyde de carbone est supposé se dégager, et, par un tube à boules renfermant du sulfure de carbone, avec un aspirateur dont on fait écouler l'eau pour aspirer l'air par l'entonnoir ; si cet air contient de l'oxyde de carbone, en traversant l'anhydride iodique il met en liberté de l'iode, dont les vapeurs passent dans le sulfure de carbone auquel elles donnent une coloration violette caractéristique.

C'est l'oxyde de carbone qui est la cause principale de l'asphyxie par le charbon, car un chien, par exemple, meurt dans une atmosphère contenant un mélange de gaz carbonique et d'oxyde de carbone bien avant qu'une bougie s'y éteigne, tandis qu'il n'est pas asphyxié s'il n'y a que du gaz carbonique, même en quantité suffisante pour empêcher la bougie de brûler.

Il faut donc éviter d'allumer du charbon dans des chambres mal aérées, veiller au renouvellement de l'air des appartements où l'on fait du feu dans des fourneaux à tirage faible, et ne jamais fermer la clef des poêles avant que le foyer soit éteint. Les poêles de fonte produisent de l'oxyde de carbone au contact de leurs parois, grâce aux miasmes contenus dans l'air ; ils laissent dégager les gaz résultant de la combustion quand leurs parois sont portées au rouge ; aussi les poêles de faïence sont-ils préférables.

Les poêles à combustion lente ou *poêles mobiles* produisent de grandes quantités d'oxyde de carbone, et sont très dangereux s'ils sont mal fermés ou s'ils ne communiquent pas avec une cheminée ayant un très bon tirage.

L'action prolongée de l'oxyde de carbone en quantité insuffisante pour déterminer l'asphyxie ou des accidents graves, produit pourtant des troubles dans l'organisme, de l'anémie, ..., comme on l'observe souvent chez les repasseuses, les ouvriers travaillant auprès de foyers de charbon, les personnes vivant dans des chambres mal aérées et chauffées par des poêles de fonte, etc.

62. Usages. — L'oxyde de carbone a des applications importantes dans l'industrie : il est employé comme réducteur dans la métallurgie du fer et de la plupart des métaux ; on le prépare en grand pour l'employer comme combustible dans les fours à chaux, à plâtre, les verreries, les usines à gaz, etc.

Anhydride carbonique

ou *Gaz caronique.*

Formule : CO_2. — Poids atomique : 44.

63. Etat naturel. Historique. — Le gaz carbonique est très répandu dans la nature ; on a vu qu'il existe toujours dans l'air, qu'il s'en produit constamment et en quantités énormes par les respirations, les combustions, les fermentations, etc. ; il s'en dégage du sol, dans le voisinage des volcans, dans certaines grottes, comme la grotte du Chien, près de Naples. Il forme aussi de nombreux carbonates naturels, comme la craie ou carbonate de calcium ; c'est en calcinant la craie que van Helmont le découvrit en 1648 et il le nomma *air crayeux.* Sa composition fut établie par Lavoisier en brûlant du diamant dans l'oxygène.

64. Propriétés physiques. — L'anhydride carbonique est un gaz incolore, inodore, de saveur aigrelette. Sa densité est 1,529 ; on peut le verser d'une éprouvette dans une autre comme on le ferait pour un liquide. Si l'on fait arriver un courant de ce gaz dans un large vase de verre, il le remplit peu à peu en chassant l'air devant lui, et des bulles de savon que l'on fait tomber dans ce vase rebondissent quand elles arrivent à la couche de gaz carbonique et flottent à sa surface.

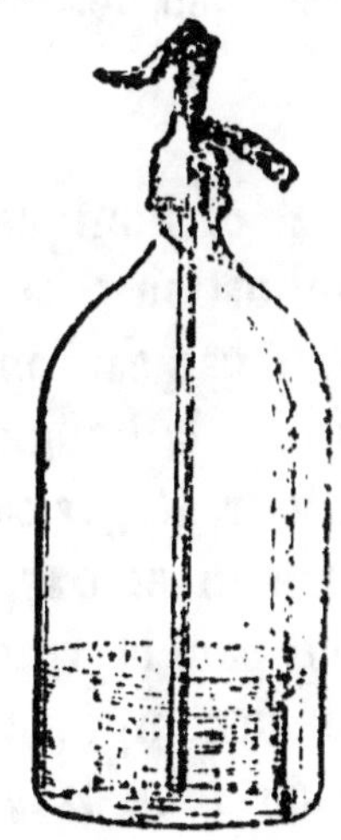

Fig. 36. — Siphon d'eau de Seltz

L'eau dissout son volume de gaz carbonique à la température ordinaire ; en augmentant la pression du gaz au-dessus du liquide, on peut en dissoudre davantage, et c'est ainsi qu'on prépare l'*eau de Seltz* artificielle, contenant jusqu'à 5 fois son volume de gaz carbonique. Quand cette eau arrive à l'air, le gaz se dégage jusqu'à ce que la quantité dissoute soit égale au volume du liquide ; il faut donc conserver l'eau de Seltz dans des *siphons* (*fig.* 36) ou des flacons hermétiquement fermés assez épais pour résister à la pression du gaz qui tend à se dégager.

Le gaz carbonique se liquéfie assez facilement par compression, sous 36 atmosphères à 0° ; il donne un liquide incolore, très mobile, qui en s'évaporant à l'air se refroidit à — 78° et se solidifie en une neige blanche. Cette neige conduit mal la chaleur et s'évapore lentement à l'air ; seule elle ne produit pas un froid considérable, et l'on peut la tenir dans la main, parce que le gaz qu'elle émet empêche le contact réel ; mais si on la presse dans la main ou qu'on la mouille légèrement d'éther, elle produit des brûlures dangereuses, à cause de la température très basse qu'elle atteint : 100° au dessous de zéro.

65. Propriétés chimiques. — Le gaz carbonique ne brûle pas et n'entretient pas la combustion : si l'on verse, comme on verserait un liquide, le gaz carbonique d'une éprouvette sur une bougie allumée, la bougie s'éteint (*fig.* 37). Sous l'action de la chaleur, le gaz carbonique se décompose en oxyde de carbone et oxygène, mais cette décomposition est limitée par la réaction inverse. Les corps très oxydables le décomposent de même, à chaud, en lui prenant la moitié de son oxygène ; ainsi avec l'*hydrogène* ou le *charbon*, au rouge, on a de l'eau et de l'oxyde de carbone.

Les réactions peuvent être représentées par les égalités

$$CO_2 + 2H = CO + H_2O,$$
$$CO_2 + C = 2CO.$$

Fig. 37. — Extinction d'une
bougie par le gaz carbonique.

Cette dernière réaction se produit toutes les fois que, dans un fourneau, le gaz carbonique formé dans le voisinage des ouvertures qui amènent l'air rencontre une couche épaisse de charbon ; si tout le charbon est incandescent, l'oxyde de carbone qui s'est formé brûle avec une flamme bleue à la surface de la colonne de charbon. Si l'oxyde a traversé des couches de charbon non incandescent, il s'est refroidi et ne brûle pas en arrivant à l'air ; il peut alors se répandre dans l'atmosphère et devenir dangereux (61).

Le gaz carbonique est décomposé, sous l'action de la lumière solaire, par la chlorophylle (matière qui donne aux plantes leur couleur verte), en carbone fixé par la plante, et oxygène qui se dégage. Cette action est très importante pour le maintien de la composition de l'air.

Le gaz carbonique, en présence de l'*eau*, donne de l'acide carbonique (CO_3H_2), acide faible, qui colore le tournesol en rouge vineux, et qui est très instable ; quand on cherche à l'isoler, il se décompose en gaz carbonique et eau.

Cet acide est un biacide, c'est-à-dire qu'il donne avec les métaux alcalins, comme le potassium, deux séries de sels : le bicarbonate qui peut encore agir comme un acide (CO^3HK), et le carbonate neutre (CO^3K^2).

Un courant de gaz carbonique passant dans de l'*eau de chaux*, forme du carbonate de calcium (CO^3Ca), et ce composé insoluble se précipite; cette réaction est caractéristique, et permet de montrer la présence du gaz carbonique dans l'air, et surtout dans l'air qui sort des poumons.

Si l'on continue à faire passer un courant de gaz carbonique dans l'eau de chaux, le trouble disparaît, parce qu'il se fait du bicarbonate de calcium [$(CO^3)^2CaH^2$], qui est soluble dans l'eau ; ce bicarbonate est très instable, et tend à se décomposer, si on le chauffe ou si la pression du gaz carbonique au-dessus de lui diminue, en carbonate, gaz carbonique et eau.

Ces réactions expliquent pourquoi les eaux de sources et de rivières contiennent toujours du calcaire, qu'elles ont dissous grâce à l'acide carbonique que l'eau de pluie avait pris en traversant l'atmosphère; et pourquoi les eaux très chargées de calcaire en arrivant à l'air, déposent du carbonate de calcium sous forme de stalactites, stalagmites ou incrustations.

66. Propriétés physiologiques. — Le gaz carbonique est impropre à la respiration ; dans une atmosphère contenant 30 % de ce gaz, un chien et même un homme succombent rapidement par asphyxie, parce que le sang ne peut plus se débarrasser dans les poumons de l'acide carbonique qu'il contient, et non par empoisonnement comme cela a lieu avec l'oxyde de carbone (61). Le gaz carbonique s'accumule souvent dans les chambres où le vin est en fermentation, dans les caves, les puits, les grottes, où il se dégage par les fissures du sol, et provient de la décomposition de matières organiques ; il tend par suite de sa densité à s'accumuler dans les couches inférieures de l'air et peut rendre l'air irrespirable ; aussi faut-il avant de pénétrer dans des caves ou des puits abandonnés, s'assurer que l'air n'est pas vicié, en y introduisant une bougie allumée ; si la bougie s'éteint, on doit purifier l'air soit par une ventilation énergique, soit en absorbant le gaz carbonique par de l'ammoniaque ou de la chaux.

Le gaz carbonique n'a pas les mêmes inconvénients quand on l'absorbe en dissolution, comme dans l'eau de Seltz et les boissons gazeuses ; il rafraîchit alors et active la sécrétion du suc gastrique.

67. Préparation. — Le gaz carbonique obtenu par la combustion du charbon dans l'air ne peut s'employer que dans certaines industries, puisqu'il est alors mélangé d'azote. Dans les laboratoires, *on le prépare en décomposant le carbonate de calcium* (marbre ou craie) *par l'acide sulfurique ou l'acide chlorhydrique* dans un appareil à hydrogène.

Avec le marbre et l'acide chlorhydrique la réaction est régulière, il se fait du chlorure de calcium, de l'eau et du gaz carbonique qui produit une vive effervescence.

Dans l'industrie des eaux gazeuses, on emploie plutôt la craie et l'acide sulfurique qui n'est pas volatil, mais il faut agiter constamment le mélange parce qu'il se forme du sulfate de calcium, très peu soluble, qui se déposerait sur la craie et arrêterait la réaction.

On peut représenter les réactions par les égalités

$$CO_3Ca + 2HCl = CaCl_2 + H_2O + CO_2,$$

carbonate   acide   chlorure
de calcium   chlorhydrique   de calcium

$$CO_3Ca + SO_4H_2 = SO_4Ca + H_2O + CO_2.$$

acide   sulfate
sulfurique   de calcium

68. Rôle et usages. — L'acide carbonique dissous dans les eaux naturelles leur permet de dissoudre certains corps insolubles dans l'eau pure, comme la silice, le phosphate et le carbonate de calcium ; ces corps peuvent ainsi servir à la nutrition des plantes, et fournir aux animaux les matériaux nécessaires à la sécrétion de leur coquille ou au développement de leur squelette.

L'industrie du sucre emploie de grandes quantités de gaz carbonique, pour précipiter la chaux qu'on ajoute aux jus sucrés afin d'empêcher leur altération par les acides organiques ; il sert dans la préparation de la céruse, de la soude, etc. A l'état liquide il est employé, à cause du froid produit par son évaporation, dans la fabrication de la glace artificielle. Le gaz carbonique dissous dans l'eau ou les liquides alcooliques, sous pression, leur communique une saveur aigrelette et les rend mousseux (cidre, bière, vin de Champagne, eau de Seltz) ; et une de ses principales applications est la fabrication des limonades et de l'eau de Seltz artificielle.

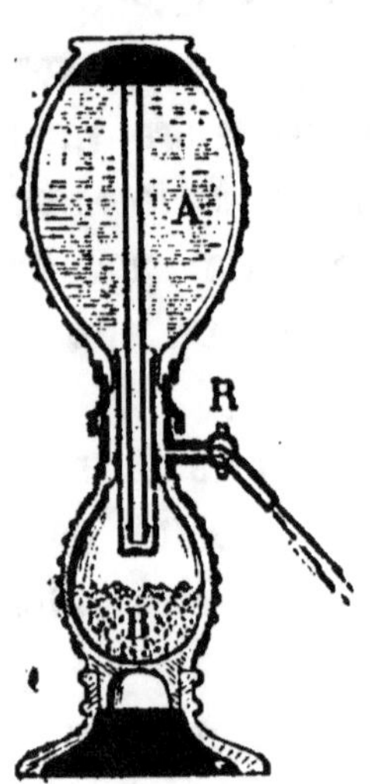

Fig. 38.
Gazogène Briet.

Pour préparer de petites quantités d'eau de Seltz, dans les ménages, on emploie l'appareil Briet (*fig.* 38) ; il se compose de deux vases sphériques, en verre épais, que l'on peut visser l'un sur l'autre à l'aide d'une garniture métallique traversée par un tube vertical terminé par un cylindre percé de trous.

On remplit d'eau le vase A et l'on met en B un mélange de bicarbonate de sodium et d'acide tartrique solide; on renverse B et on le visse sur A; puis on retourne l'appareil. Un peu d'eau descend de A en B par le tube et mouille le mélange, qui donne alors du gaz carbonique et du tartrate de sodium. Le gaz monte par le tube, vient se comprimer en A et se dissout dans l'eau, qui s'écoule sous la pression du gaz quand on ouvre un robinet R ne communiquant qu'avec A. Les vases sont entourés d'osier tressé pour éviter la projection du verre au cas où la pression du gaz serait assez forte pour faire éclater l'appareil.

RÉSUMÉ DU CHAPITRE VI

L'oxyde de carbone (CO) est un gaz incolore, peu soluble, neutre au tournesol, et qui brûle avec une flamme bleue en formant du gaz carbonique. C'est un réducteur énergique. Il se produit par l'action du gaz carbonique sur le charbon chauffé au rouge. C'est un poison violent, qui se fixe sur les globules du sang. Il est employé dans la métallurgie et dans l'industrie comme combustible.

Le *gaz carbonique* (CO^2) est très répandu dans la nature; il est produit par la respiration et les combustions. C'est un gaz incolore, de saveur aigrelette, 1 fois 1/2 plus dense que l'air, soluble dans l'eau. Il ne brûle pas et n'entretient pas la combustion; il est réduit, au rouge, par l'hydrogène et le carbone. Il est décomposé par la chlorophylle des végétaux, à la lumière solaire. Il colore le tournesol en rouge vineux, et forme avec l'eau de chaux du carbonate de calcium, ce qui fait admettre qu'il forme avec l'eau un acide (CO^3H^2).

L'eau chargée de gaz carbonique dissout les calcaires, en formant des bicarbonates.

Le gaz carbonique est impropre à la respiration, mais n'est pas un poison.

On prépare le gaz carbonique en décomposant le carbonate de calcium (marbre ou craie) par l'acide chlorhydrique ou l'acide sulfurique.

Le gaz carbonique est employé dans l'industrie du sucre, de la soude; dans la fabrication de l'eau de Seltz artificielle et des boissons gazeuses.

CHAPITRE VII

LOIS DES COMBINAISONS

69. Loi des poids ou loi de Lavoisier. — Le poids d'un composé est égal à la somme des poids des composants. — Lavoisier a montré que dans toutes les réactions chimiques, il n'y a jamais création ni destruction de matière, mais seulement transformation. Quand du carbone brûle dans l'oxygène, il semble disparaître, mais si l'on recueille l'anhydride carbonique formé et qu'on le pèse, on trouve que son poids est justement égal à la somme des poids de carbone et d'oxygène qui se sont unis.

Ce principe de la conservation de la matière est énoncé quelquefois sous cette forme : Rien ne se perd, rien ne se crée ; c'est une loi fondamentale, qui a été le point de départ de la chimie moderne.

70. Loi des rapports constants ou loi de Proust. — Les poids de deux corps qui s'unissent pour former un même composé sont dans un rapport constant. Par exemple, quel que soit le procédé employé pour faire de l'eau, nous trouverons toujours que la combinaison s'est faite entre 1^g d'hydrogène et 8^g d'oxygène, ou que les poids d'hydrogène et d'oxygène combinés sont dans le rapport de 1 à 8. Si l'on emploie 1^g d'hydrogène et 9^g d'oxygène, il y a un résidu de 1^g d'oxygène ; de même si l'on met 8^g d'oxygène et 2^g d'hydrogène, il reste 1^g d'hydrogène.

71. Loi des rapports simples ou loi de Dalton. — Si

deux corps forment plusieurs composés, les poids de l'un qui s'unissent à un poids invariable de l'autre sont entre eux dans des rapports simples.

Ainsi le carbone donne avec l'oxygène deux composés : l'oxyde de carbone, formé de 12^g de carbone et 16^g d'oxygène, le gaz carbonique, formé de 12^g de carbone et 32^g d'oxygène ; les poids d'oxygène unis au même poids de carbone sont dans le rapport de 2 à 1.

De même, l'azote et l'oxygène forment ensemble six composés ; si l'on cherche quels sont les poids d'oxygène combinés, dans chaque corps, à un même poids, 14^g par exemple, d'azote, on trouve que ces 14^g d'azote sont unis à 8^g, ou à 2 fois 8^g, 3 fois 8^g, 4 fois 8^g, 5 fois 8^g et 6 fois 8^g d'oxygène ; les différents poids d'oxygène unis au même poids d'azote sont donc entre eux dans des rapports simples, comme les nombres 1, 2, 3, 4, 5, 6.

72. Loi des nombres proportionnels. — Si b, c, d, ... sont les poids suivant lesquels des corps B, C, D, ... s'unissent séparément au même poids a d'un autre corps A, les combinaisons de B, C, D, ... entre eux s'effectueront entre des multiples entiers simples de b, c, d, ...

Ainsi 1^g d'hydrogène peut s'unir à 8^g d'oxygène, ou à 35^g,5 de chlore ou à 16^g de soufre ; l'expérience montre que les combinaisons du chlore et de l'oxygène se font entre 35^g,5 de chlore et 8, ou 8×3, ou 8×4 d'oxygène ; de même 16^g de soufre peuvent s'unir à 8×2 ou à 8×3 d'oxygène, ou à 35,5 de chlore. Les poids des différents corps qui se combinent au même poids d'hydrogène ou qui peuvent remplacer ce même poids d'hydrogène dans des composés analogues ont été appelés des *nombres proportionnels* de ces corps.

73. Lois des combinaisons en volume ou lois de Gay-Lussac. — Nous avons vu qu'il existe un rapport constant entre les poids des corps qui s'unissent, mais ce rapport n'est pas toujours simple ; ainsi 1ᵍ d'hydrogène s'unit à 8ᵍ d'oxygène pour former de l'eau, à 35ᵍ,5 de chlore pour faire de l'acide chlorhydrique ; mais si l'on mesure les volumes des gaz qui se sont combinés, on trouve que l'eau est formée de 2 vol. d'hydrogène pour 1 vol. d'oxygène, et que si l'on maintient cette eau à l'état de vapeur, elle occupe 2 vol. ; que l'acide chlorhydrique est formé de 1 vol. d'hydrogène et de 1 vol. de chlore unis sans changement de volume.

A la suite de nombreuses observations analogues, Gay-Lussac énonça la loi suivante, qui a toujours été vérifiée depuis :

1° Il y a un rapport simple entre les volumes des gaz qui se combinent.

2° Il y a un rapport simple entre le volume du composé formé, s'il est gazeux, et la somme des volumes des gaz composants.

En effet, dans les expériences précédentes les volumes des gaz qui se combinent sont entre eux dans les rapports de 2 à 1, et de 1 à 1 ; et les rapports du volume du composé aux volumes des composants sont pour l'eau de 2 à 3, pour l'acide chlorhydrique de 2 à 2.

On remarque que jamais le volume du composé gazeux n'est plus grand que la somme des volumes des composants.

74. Hypothèse des atomes. — L'étude des lois suivant lesquelles s'effectuent les combinaisons conduisit Dalton à supposer que la matière est formée de particules indivisibles, qu'il nomma *atomes*, ayant une étendue, une forme, un poids invariables et en qui résident les forces chimiques propres à chaque corps.

La combinaison de deux ou plusieurs corps résulte du groupement de leurs atomes en un ensemble déterminé La particule la plus simple d'un corps composé est donc formée elle-même de plusieurs atomes; dans l'eau, par exemple, une particule si petite qu'elle soit, doit contenir de l'hydrogène et de l'oxygène, et comme les atomes sont supposés indivisibles, il y a au moins un atome d'hydrogène et un atome d'oxygène; cette particule composée est une *molécule*.

Dans les corps simples, les atomes peuvent être groupés aussi en molécules, formées alors d'atomes tous semblables.

La molécule est donc la plus petite partie d'un corps qui puisse exister à l'état libre; et l'atome, la plus petite quantité de chaque corps simple pouvant entrer en combinaison.

On admet que dans une masse, même compacte, les molécules laissent entre elles des intervalles considérables par rapport à leur propre étendue; si l'on chauffe un solide, une partie de la chaleur est employée à dilater le corps; l'écart entre les molécules augmente et le corps peut prendre l'état liquide.

Si l'on continue à chauffer, la distance des molécules pourra devenir assez grande pour que le corps passe à l'état gazeux.

Des considérations analogues expliquent l'influence de la chaleur, de la dissolution, de l'électricité, etc. sur les réactions des corps; toutes ces causes tendent à diminuer la force qui maintient unies les molécules d'un même corps, et permettent aux molécules de l'un des corps de pénétrer dans la sphère d'action de celles de l'autre corps, ce qui est nécessaire pour qu'il y ait combinaison.

Si les combinaisons sont des groupements d'atomes indivisibles, il est évident qu'elles ne peuvent avoir lieu que suivant des rapports constants, représentant précisément les rapports entre les poids invariables des atomes constituants.

De même, la loi des rapports simples s'explique en supposant que les différents composés formés par deux corps sont dus à l'union de 1, 2, 3, 4, ... atomes de l'un avec un ou plusieurs atomes de l'autre.

L'hypothèse de Dalton donne donc une explication simple de la plupart des phénomènes physiques et chimiques ; elle a été confirmée encore par l'étude des combinaisons des corps gazeux.

75. Poids moléculaires. — La simplicité des rapports des combinaisons en volume, et des considérations physiques sur la dilatation des gaz, qui est sensiblement la même pour les mêmes variations de température et de pression, quel que soit le gaz, ont conduit à admettre que : Des volumes égaux de gaz ou de vapeurs, à la même température et sous la même pression, renferment le même nombre de molécules (hypothèse d'Avogadro et d'Ampère). Ainsi, il y a le même nombre de molécules dans un litre d'oxygène que dans un litre d'hydrogène ou un litre de vapeur d'eau ; par suite, quel que soit ce nombre de molécules, comme 1^l d'oxygène pèse 16 fois plus, et 1^l de vapeur d'eau 9 fois plus que 1^l d'hydrogène, une molécule d'oxygène pèse 16 fois plus, et une molécule d'eau 9 fois plus qu'une molécule d'hydrogène.

Si l'on convient de représenter par 2 le poids d'une molécule d'hydrogène, on appellera donc **poids moléculaire** d'un gaz ou d'une vapeur, le poids de ce gaz ou de cette vapeur qui occupe le même volume qu'un poids d'hydrogène égal à 2, c'est-à-dire le double de la densité de ce gaz par rapport à l'hydrogène.

Ainsi le poids moléculaire de l'oxygène sera 32, celui de la vapeur d'eau 18.

76. Poids atomiques. — Si l'on savait combien la molécule d'un corps simple renferme d'atomes, on trouverait le poids relatif d'un atome de ce corps en divisant le poids moléculaire par ce nombre d'atomes ; mais on a admis que l'atome est la plus petite quantité d'un corps qui puisse entrer en combinaison : on prendra donc comme poids atomique le plus petit des poids de ce corps qui puisse entrer dans la molécule de ses composés gazeux ou volatils.

L'hydrogène étant le plus léger de tous les corps, on a choisi le poids de l'atome d'hydrogène comme unité ; et des considérations chimiques ayant fait admettre que sa molécule renferme 2 atomes, on a représenté par 2 son poids moléculaire

En général, le poids atomique d'un corps simple gazeux ou volatil est égal à sa densité par rapport à l'hydrogène ; ainsi le poids atomique de l'oxygène est 16, celui de l'azote 14, et 1^l d'oxygène pèse 16 fois plus, 1^l d'azote 14 fois plus que 1^l d'hydrogène. Pour les corps non gazeux, on est convenu de choisir comme poids atomique, parmi les nombres proportionnels (72) de chaque corps, celui qui permet de représenter par des formules analogues les composés chimiquement analogues, et qui en même temps conduit aux formules les plus simples. Ainsi de l'analogie des propriétés de l'hydrogène phosphoré et de l'hydrogène arsénié avec l'ammoniaque, on a conclu que les trois formules devaient être analogues ; or le poids atomique de l'azote ayant été fixé à 14, et 14^g d'azote se combinant dans l'ammoniaque à 3^g d'hydrogène, on a pris pour les poids atomiques du phosphore et de l'arsenic 31 et 75 parce que dans l'hydrogène phosphoré 31^g de phosphore, dans l'hydrogène arsénié 75^g d'arsenic se combinent à 3^g d'hydrogène.

Le volume occupé par le poids atomique, en grammes, de tous les *corps simples gazeux à la température ordinaire* est le même, c'est celui de 1^g d'hydrogène :

$$V = \frac{1^g}{1^g,293 \times 0,0695} = 11^l,14 \text{ environ,}$$

et, si l'on connaît le poids atomique P_a d'un gaz simple, on a, d étant la densité de ce gaz,

$$P_a = 11^l,14 \times 1^g,293 \times d = 14,4 \times d,$$

ce qui permet de calculer d :

$$d = \frac{P_a}{14,4}.$$

Ainsi le poids atomique de l'azote étant 14, celui du chlore 35,5, la densité de l'azote est $\frac{14}{14,4} = 0,97$, celle du chlore $\frac{35,5}{14,4} = 2,46$.

Quant aux gaz composés, leur poids moléculaire en grammes représentant le même volume que 2^g d'hydrogène, soit $11^l,14 \times 2 = 22^l,28$, leur densité s'obtiendra en divisant le poids moléculaire P_m par $1^g,293 \times 22,28 = 28,8$; ainsi le poids moléculaire de la vapeur d'eau étant $H^2O = 2 + 16 = 18$, sa densité est $\frac{28,8}{18} = 0,622$; celle de l'acide chlorhydrique, dont le poids moléculaire est $HCl = 1 + 35,5 = 36,5$,

est $\dfrac{36,5}{28,8} = 1,245$.

Les densités ainsi calculées théoriquement sont sensiblement égales à celles que l'on détermine par l'expérience, et les deux formules $d = \dfrac{P_a}{14,4}$, $d = \dfrac{P_m}{28,8}$ permettent de retrouver la densité de tous les gaz en retenant seulement le poids atomique des corps simples.

RÉSUMÉ DU CHAPITRE VII

Loi des combinaisons. — Loi des poids : Le poids d'un composé est égal à la somme des poids des composants.

Loi des rapports constants : Les poids de deux corps qui s'unissent pour former un même composé sont dans un rapport constant.

Loi des rapports simples : Si deux corps forment plusieurs composés, les poids de l'un qui s'unissent à un poids invariable de l'autre sont entre eux dans un rapport simple.

Lois de Gay-Lussac : 1° Il y a un rapport simple entre les volumes des gaz qui se combinent; 2° Il y a un rapport simple entre le volume du composé formé, s'il est gazeux, et la somme des volumes des gaz composants.

Hypothèse des atomes. — On admet que les corps sont formés de particules très petites ou *molécules*, composées elles-mêmes d'*atomes* tous semblables dans les molécules des corps simples, et différents dans celles des corps composés.

On admet que des volumes égaux de gaz ou de vapeurs, à la même température et sous la même pression, renferment le même nombre de molécules.

CHAPITRE VIII

NOMENCLATURE

---

77. Le nombre des corps simples connus jusqu'à présent n'est pas très considérable; mais il n'en est pas de même des corps composés, qui sont si nombreux qu'il serait impossible d'en retenir les noms si aucune règle ne présidait à leur dénomination.

On a désigné sous le nom de *nomenclature parlée* l'ensemble des conventions faites pour nommer les corps chimiques, et *nomenclature écrite* ou *notation chimique* les règles posées pour les représenter par le plus petit nombre de symboles possible.

Les principes de la nomenclature chimique ont été établis en 1787, à l'instigation de Guyton de Morveau, avec le concours de Lavoisier, Fourcroy et Berthollet; quelques modifications y ont été apportées depuis, par suite même des progrès de la science, en particulier pour les noms des composés organiques; mais cette nomenclature est encore en usage dans la *chimie minérale* qui s'occupe spécialement de l'étude des corps simples, et des composés qu'ils forment entre eux ou corps inorganiques.

Les chimistes ont aussi adopté, à l'instigation de Berzélius, la notation qui exprime sous une forme concise la composition des corps, et qui permet de représenter les relations entre les poids des corps qui interviennent dans les réactions.

Corps simples.

78. Nomenclature. — Les corps simples sont au nombre d'une centaine environ.

Aucune règle ne préside au choix de leur nom; le plus souvent, ils ont conservé le nom sous lequel ils étaient primitivement connus : fer, argent, mercure, soufre,...; ou bien au moment de leur découverte on leur a donné un nom rappelant, soit la substance d'où on les a tirés, comme le *potassium* que l'on extrait de la potasse, soit une de leurs propriétés caractéristiques, par exemple : *chlore*, qui vient de *chloros*, verdâtre, *brome*, de *bromos*, fétide, *azote*, de *a* privatif et *zôé*, vie, parce que l'azote n'entretient pas la vie, etc. ; ou enfin le nom du corps ne dépend que du caprice de celui qui l'a découvert : *gallium*, *germanium*, etc.

79. Notation. — On représente chaque corps par un *symbole* qui est, en général, la première lettre de son nom : O pour l'oxygène, S pour le soufre..., et pour les noms qui commencent par la même lettre, on ajoute à l'initiale une seconde lettre du nom, écrite en petits caractères : Az pour l'azote, Ag, l'argent, Al, l'aluminium...

Par convention, ce symbole représente un atome du corps ; donc en prenant pour unité le poids de l'atome d'hydrogène (76), comme l'oxygène pèse à volume égal 16 fois plus que l'hydrogène, l'azote 14 fois plus..., si H représente 1g, O pèse 16g, Az 14g, etc.

Le tableau suivant renferme la liste des principaux corps simples connus actuellement, avec leur symbole et leur poids atomique habituellement employé.

Aluminium. . . .	Al	27	Carbone	C	12
Antimoine. . . .	Sb(¹)	120	Chlore. . . .	Cl	35,5
Argent	Ag	108	Chrome	Cr	52,5
Argon. . . .	Ar	19,9	Cobalt. . . .	Co	59
Arsenic	As	75	Cuivre. . . .	Cu	63
Azote	Az	14	Etain	Sn(²)	118
Baryum	Ba	137	Fer.	Fe	56
Bismuth	Bi	208	Fluor	Fl	19
Bore	Bo	11	Hydrogène. . . .	H	1
Brome. . . .	Br	80	Iode	I	127
Cadmium	Cd	112	Magnésium. . . .	Mg	24
Calcium	Ca	40	Manganèse. . . .	Mn	55

(¹) Sb, de *stibium*, nom latin de l'antimoine.
(²) Sn, de *stannum*, nom latin de l'étain.

Mercure . . .	Hg(¹) 200	Sélénium . . .	Se	79
Nickel . . .	Ni 58,6	Silicium . . .	Si	28
Or . . .	Au 196,2	Sodium. . .	Na(³)23	
Oxygène . . .	O 16	Soufre . . .	S	32
Phosphore. . .	Ph 31	Strontium . . .	Sr	87,5
Platine. . .	Pt 198	Tellure . . .	Te	126
Plomb . . .	Pb 207	Zinc. . .	Zn	65
Potassium. . .	K(²) 39			

80. Division des corps simples. — Métalloïdes. Métaux.
— Parmi les corps simples, les uns ont un éclat particulier que l'on appelle éclat métallique, et sont plus ou moins bons conducteurs de la chaleur et de l'électricité, ce sont les *métaux*; tels sont le fer, l'argent, le cuivre. Les métaux sont tous solides à la température ordinaire, sauf le mercure qui est liquide.

Les autres, moins nombreux, n'ont pas l'éclat métallique en général; ils sont mauvais conducteurs de la chaleur et de l'électricité; à la température ordinaire les uns sont solides, comme le soufre, l'iode; un seul est liquide, le brome; quatre sont gazeux, l'oxygène, l'azote, le chlore et le fluor.

Ce sont les corps non métalliques. On les range, d'après les analogies que l'on étudiera plus tard, dans l'ordre suivant :

1ʳᵉ famille : Fluor, chlore, brome, iode ;

2ᵉ famille : Oxygène, soufre, sélénium, tellure ;

3ᵉ famille : Azote, phosphore, arsenic, antimoine ;

4ᵉ famille : Silicium, carbone ;

5ᵉ famille : Bore, hélium, argon.

Berzélius ayant remarqué que deux de ces corps, l'ar-

(¹) Hg, de *hydrargyrum* (argent liquide), nom latin du mercure.

(²) K, de *kalium*, dérivé de *al kali*, la potasse, en arabe.

(³) Na, de *natrium*, dérivé de *natro* nom ancien du carbonate de sodium.

senic et le tellure, analogues par leurs propriétés, l'un au
phosphore, l'autre au sélénium, avaient l'éclat métallique,
les désigna tous deux sous le nom de corps *métalloïdes*
(semblables aux métaux) ; les chimistes par un abus
regrettable ont désigné sous ce nom l'ensemble des corps
non métalliques.

Ces deux groupes de corps ont aussi des propriétés
chimiques différentes : les métalloïdes en s'unissant à
l'oxygène donnent des composés qui avec l'eau forment
des *acides*, caractérisés par la propriété de rougir la teinture bleue de tournesol.

Ils s'unissent tous à l'hydrogène en donnant des composés gazeux.

Les métaux combinés à l'oxygène donnent, en présence
de l'eau, des *bases*, corps ramenant au bleu la teinture de
tournesol rougie par un acide, tandis que les métalloïdes
donnent parfois avec l'oxygène des composés neutres,
mais jamais d'oxydes basiques. Les métaux ne s'unissent
pas à l'hydrogène, ou forment avec lui des composés solides et peu stables.

L'*hydrogène* présente des caractères qui le rapprochent
à la fois des deux autres groupes : il est gazeux, et liquéfié
n'a pas l'éclat métallique, mais c'est le gaz qui conduit
le mieux la chaleur et l'électricité, et dans toutes les
réactions chimiques il se comporte comme un métal. Il
faut donc l'envisager comme tel.

Du reste, la distinction entre métalloïdes et métaux n'est
pas absolue, et l'on peut passer par une série de transitions
des métalloïdes bien caractérisés comme le phosphore à
l'arsenic et l'antimoine qui ont l'éclat métallique, et de là
à des métaux bien définis, comme le bismuth ; on

conserve cependant cette distinction, qui est commode en pratique.

Nomenclature des corps composés.

81. Fonctions chimiques. — Le principe de la nomenclature chimique est d'indiquer, par le nom d'un composé, les éléments qui entrent dans sa composition, et la *fonction chimique* du corps. On dit que des corps ont la même fonction chimique quand ils ont des propriétés communes et se comportent d'une façon analogue dans les réactions.

Dans la chimie minérale, on distingue :

Les *acides*, qui rougissent la teinture bleue de tournesol et le sirop de violettes et qui ont une saveur analogue à celle du vinaigre (acetum) ; ils renferment toujours de l'hydrogène qui peut être remplacé par un métal ;

Les *bases*, qui bleuissent le tournesol rougi par un acide et verdissent le sirop de violettes et qui ont une saveur âcre ou caustique, comme la potasse, la chaux éteinte ;

Les *corps neutres*, qui n'ont d'action ni sur le tournesol bleu, ni sur le tournesol rouge, ni sur le sirop de violettes.

Quand on verse peu à peu une dissolution basique dans un acide coloré en rouge par du tournesol, il arrive un moment où la couleur redevient bleue ; en évaporant le mélange on obtient des cristaux d'un corps nouveau qui, dissous dans l'eau, est généralement sans action sur le tournesol. Ce corps, que l'analyse montrerait comme formé de l'union de l'acide et de la base avec élimination d'eau, est appelé un *sel*. Un sel doit être considéré comme résultant de la substitution d'un métal à l'hydrogène d'un acide.

82. Composés binaires. — I. Composés ne renfermant ni oxygène ni hydrogène. — Pour nommer un corps résultant de l'union de deux corps simples, on ajoute au nom de l'un des corps simples la terminaison *ure*, et on le fait suivre du nom de l'autre corps en les unissant par la préposition *de* : ainsi du chlore et du fer forment des *chlorures de fer.*

Lorsque l'un des corps est un métalloïde et l'autre un métal, on convient de donner la terminaison *ure* au métalloïde qui, dans la décomposition électrolytique, se porte toujours sur l'électrode positive.

Si les deux corps sont des métalloïdes, on ajoute la terminaison *ure*, pour le motif indiqué plus haut, à celui qui est en premier dans la liste des métalloïdes donnée précédemment : du chlore et du soufre formeront du *chlorure de soufre*; du soufre et du carbone, du *sulfure de carbone*; on dit sulfure, phosphure, par euphonie, au lieu de soufrure et phosphorure.

Quand les deux corps forment plusieurs composés, on les distingue par les préfixes *proto* (premier), *sesqui* (une fois et demie), *bi* (deux fois), *tri* (trois fois), *tétra* (quatre fois), *penta* (cinq fois) : ainsi, 2 atomes de potassium forment, avec 1 atome de soufre, le *protosulfure de potassium*, avec 2 atomes de soufre, le *bisulfure*, avec 3, le *trisulfure*, etc.

Remarque. — Si les deux corps sont des métaux, au lieu de suivre la règle générale on donne au composé le nom d'*alliage*, qui s'applique aussi à l'union de plus de deux métaux : alliage de cuivre et d'argent; alliage de cuivre, de zinc et d'étain. Les alliages dans lesquels entre le mercure s'appellent *amalgames* : amalgame d'or, amalgame de cuivre et d'argent.

On s'écarte encore de la règle générale pour les composés hydrogénés et les composés oxygénés, très nombreux et très importants.

II. Composés hydrogénés. — Les composés neutres ou basiques suivent la règle générale ; le carbone et l'hydrogène forment des *carbures d'hydrogène* ; pourtant on a conservé à l'azoture d'hydrogène le nom d'*ammoniaque* sous lequel il est très anciennement connu dans l'industrie.

Quand le composé est acide, on fait suivre le mot acide du nom du métalloïde auquel on ajoute la terminaison *hydrique* : le chlore et l'hydrogène forment l'*acide chlorhydrique*.

III. Composés oxygénés. — D'une façon générale, les composés binaires renfermant de l'oxygène sont nommés *oxydes* :

Oxyde de plomb, oxyde de carbone. Quand un même corps forme plusieurs oxydes, on les distingue par les préfixes *proto, bi, tri,...* :

Protoxyde de manganèse, formé de 1 atome de manganèse et 1 atome d'oxygène ;

Sesquioxyde de manganèse, formé de 2 atomes de manganèse et 3 atomes d'oxygène, etc. ;

Ou lorsqu'il n'y a que deux composés comparables, par les terminaisons *eux* pour celui qui contient le moins d'oxygène, *ique* pour celui qui en contient le plus, ajoutées au nom du corps :

Oxyde azoteux, formé de 2 atomes d'azote et 1 d'oxygène ;

Oxyde azotique, de 2 atomes d'azote et 2 d'oxygène.

Quelques oxydes ont gardé les noms sous lesquels ils étaient connus avant l'adoption de cette nomenclature ; ainsi on dit l'*eau*, la *chaux*, la *baryte*, la *magnésie*, l'*alumine*, au lieu de dire : oxyde d'hydrogène, de calcium, de baryum, de magnésium, d'aluminium. Les oxydes qui en s'unissant à l'eau donnent des acides, ont reçu le nom d'*anhydrides*, et on les nomme en faisant suivre le mot anhydride du nom du corps auquel on ajoute la terminaison *ique* : Ex. : *anhydride carbonique, anhydride chromique.*

Si le même corps donne plusieurs anhydrides, on les distingue par l'emploi de la terminaison *ique* ou *eux*, et des préfixes *hypo, hyper* ou *per*, suivant que le composé renferme plus ou moins d'oxygène ; ainsi 2 atomes de chlore forment :

Avec 1 atome d'oxygène, l'anhydride *hypochloreux* ;
> 3 > > *chloreux* ;
> 4 > > *hypochlorique* ;
> 5 > > *chlorique* ;
> 7 > > *perchlorique.*

83. Composés ternaires. — I. Acides. — Les anhydrides, en s'unissant à l'eau, donnent des acides ternaires ou *oxacides* ; on les nomme comme l'anhydride dont ils dérivent, en remplaçant anhydride par *acide* ; ainsi l'anhydride hypochloreux forme avec l'eau l'*acide hypochloreux*, l'anhydride chlorique forme l'*acide chlorique.*

II. Bases. — Les bases résultent de l'action de l'eau sur un oxyde métallique, on les nomme *hydrates* métalliques ; par exemple, la chaux avec l'eau donne l'*hydrate de calcium* ; l'oxyde de potassium avec l'eau forme l'*hydrate de potassium*, auquel on conserve encore dans la pratique son nom ancien de *potasse*, de même qu'on appelle *soude* l'*hydrate de sodium.*

III. Sels. — La substitution d'un métal à l'hydrogène

d'un oxacide donne un sel ternaire ; on forme le nom d'un sel du nom de l'acide dont il dérive en changeant la terminaison *ique* en *ate*, ou *eux* en *ite*, et en le faisant suivre du nom du métal : ainsi l'acide azotique donnera des *azotates* de potassium, d'argent, etc. ; l'acide hypochloreux formera des *hypochlorites* ; l'acide sulfurique, des *sulfates* (et non sulfurates, par euphonie), l'acide phosphoreux des *phosphites* (et non phosphorites).

Si un acide renferme plusieurs atomes d'hydrogène, leur remplacement par un métal peut n'être que partiel, le sel est dit alors sel acide, puisque bien que sel, il a encore la fonction d'acide ; l'acide sulfurique, par exemple, forme avec 1 atome de potassium substitué à 1 d'hydrogène, *un sulfate acide de potassium*, et avec 2 atomes de potassium, un *sulfate neutre*.

84. Notation des corps composés. — On représente un composé en écrivant les uns à la suite des autres les symboles des corps simples qui le forment, et en exprimant par un chiffre, qui est un coefficient bien qu'on l'écrive à la place occupée par les exposants, le nombre d'atomes de chaque corps qui entre dans la composition d'une molécule ; ainsi l'acide chlorhydrique s'écrira HCl, l'eau H^2O, l'ammoniaque AzH^3 ; l'acide azotique AzO^5H, etc.

L'ordre dans lequel on écrit les symboles de chaque atome est généralement l'inverse de celui dans lequel on énonce les divers corps, car on commence le plus souvent par l'élément qui, dans l'électrolyse, se porte sur l'électrode négative. Ces symboles constituent ce qu'on appelle des *formules chimiques*, et ils peuvent représenter d'une façon rapide les réactions des corps entre eux ; ainsi l'acide chlorhydrique agissant sur le zinc forme du chlorure de zinc dans lequel 1 atome de zinc est uni à 2 de chlore, et de l'hydrogène se dégage ; la réaction peut s'exprimer par une équation dont le premier membre renferme les symboles des corps qui agissent les uns sur les autres, et le second ceux des produits obtenus :

$$2HCl + Zn = ZnCl^2 + 2H. \qquad (1)$$

D'après la loi de Lavoisier, la somme des poids des corps obtenus est égale à la somme des poids des corps mis en présence ; les deux membres de l'équation sont donc égaux. En effet, la formule indique que 2 molécules d'acide chlorhydrique pesant $(35,5 + 1) \times 2 = 73^g$, plus 1 atome de zinc pesant 65^g donnent une molécule de chlorure de zinc pesant $65 + (2 \times 35,5) = 136^g$ et 2 atomes d'hydrogène pesant 2^g.

Problèmes de chimie. — Les formules chimiques permettent de résoudre un certain nombre de problèmes relatifs aux réactions chimiques.

Exemples : I. — *Déterminer le poids et le volume de l'hydrogène dégagé par l'action de l'acide chlorhydrique sur 15^g de zinc ?*

Nous venons de voir que cette réaction peut être représentée par la formule (1) ; or $Zn = 65$, donc 65^g de zinc donnent 2^g ou 2 fois $11^l,14$ (76) d'hydrogène, et par suite 15^g de zinc en dégagent

$$\frac{2^g \times 15}{65} = 0^g,46 \qquad \text{ou} \qquad \frac{22^l,28 \times 15}{65} = 5^l,14.$$

II. *Quel poids de marbre faut-il traiter par l'acide chlorhydrique pour obtenir 50^l de gaz carbonique ?*

Nous avons vu (67) que cette réaction peut être représentée par la formule

$$CO^3Ca + 2HCl = CaCl^2 + H^2O + CO^2 ;$$

or $\qquad C = 12, \quad O = 16, \quad Ca = 40,$

d'où $\qquad CO^3Ca = 12 + 16 \times 3 + 40 = 100 ;$

donc 100^g de marbre donnent $22^l,28$ (76) de gaz carbonique, et pour avoir 50^l de ce gaz il faudra

$$\frac{100^g \times 50}{22,28} = 224^g,4 \text{ de marbre.}$$

RÉSUMÉ DU CHAPITRE VIII

Chaque corps simple est représenté par un *symbole*, formé d'une ou deux lettres de son nom, et qui représente en même temps son poids atomique.

On divise les corps simples en *métaux*, doués d'un éclat appelé éclat métallique, bons conducteurs de la chaleur et de l'électricité ; et *métalloïdes*, généralement ternes et mauvais conducteurs.

Les métaux donnent avec l'oxygène des oxydes basiques, les métalloïdes des oxydes neutres ou des anhydrides.

La nomenclature des corps composés indique leur composition et leur fonction chimique. Les *acides* rougissent la teinture de tournesol ; les *bases* ramènent au bleu le tournesol rougi par un acide ; les *sels*, qui se forment généralement par l'action d'un acide sur une base, résultent de la substitution d'un métal à l'hydrogène d'un acide.

On représente un corps composé en écrivant à la suite les uns des autres les symboles des corps simples qui le forment avec un exposant indiquant le nombre d'atomes de chaque sorte qui entre dans une molécule du composé.

Ces *formules* permettent d'exprimer les réactions par des *équations* dont le premier membre renferme les formules des corps réagissants, et le second celles des produits obtenus.

CHAPITRE IX

CHLORE. — ACIDE CHLORHYDRIQUE

Chlore.

Symbole : Cl. — Poids atomique : 35,5.

85. Propriétés physiques. — Le chlore, découvert en 1774 par Scheele, est un gaz jaune verdâtre, ce qui lui a fait donner son nom (*chloros*, jaune verdâtre) ; il a une odeur caractéristique et suffocante ; respiré en grande quan-

tité il peut déterminer des crachements de sang car il attaque vivement les poumons; en petite quantité il provoque
la toux et de l'oppression. On combat ses effets en buvant
du lait ou un peu d'eau-de-vie.

Sa densité est 2,45. L'eau en dissout environ 5 fois son
volume à 8°; sa solution s'emploie sous le nom d'*eau de
chlore* et doit être conservée à l'abri de la lumière qui
l'altère. Cette solution refroidie à 0° laisse déposer des
cristaux d'*hydrate de chlore* : $Cl^2 + 10H^2O$, qui se décomposent par la chaleur en chlore et eau.

Fig. 39. — Liquéfaction du chlore.

Cette propriété est utilisée pour liquéfier le chlore : on introduit des cristaux d'hy-drate de chlore dans un tube de verre épais,
recourbé, que l'on fer-me à la lampe (*fig.* 39). On chauffe à 35° la
branche contenant les cristaux, le chlore se dégage et va se condenser dans l'autre
branche, qui est plongée dans un mélange réfrigérant. On
obtient ainsi un liquide huileux, jaune, qui bout à — 33°,5, et
qui se prend, à — 102°, en cristaux jaunes.

86. Propriétés chimiques. — Le chlore se combine
directement avec tous les corps simples sauf l'oxygène,
l'azote, le carbone et le fluor.

Avec l'*hydrogène*, la combinaison est extrêmement violente à la lumière solaire : si l'on introduit dans un flacon
des volumes égaux des deux gaz, en ayant soin d'opérer
dans l'obscurité, et qu'on envoie les rayons solaires sur le
flacon à l'aide d'un miroir, le flacon vole en éclats ; aussi
faut-il se placer à distance de l'appareil. La réaction se fait
de même à la lumière électrique ou à celle du magnésium.

A la lumière diffuse, la combinaison se fait lentement sans explosion ; elle n'a plus lieu dans l'obscurité. Dans tous les cas il se fait, sans changement de volume, de l'acide chlorhydrique HCl, ce que l'on peut reconnaître en versant dans le flacon de la teinture de tournesol qui rougit.

Cette grande affinité du chlore pour l'hydrogène explique son action sur un grand nombre de composés hydrogénés : ainsi en faisant passer du chlore saturé de *vapeur d'eau* dans un tube de porcelaine chauffé au rouge on recueille de l'oxygène et de l'acide chlorhydrique. L'eau peut être décomposée à froid par le chlore sous l'action de la lumière ; la décomposition se fait encore plus facilement, si elle a lieu en présence d'un corps avide d'oxygène, comme l'*acide sulfureux* : de là, le rôle d'oxydant que joue le chlore :

$$SO^2 + 2H^2O + 2Cl = 2HCl + SO^4H^2.$$

gas sulfureux   acide chlorhydrique   acide sulfurique

Le chlore décompose un grand nombre de corps hydro-

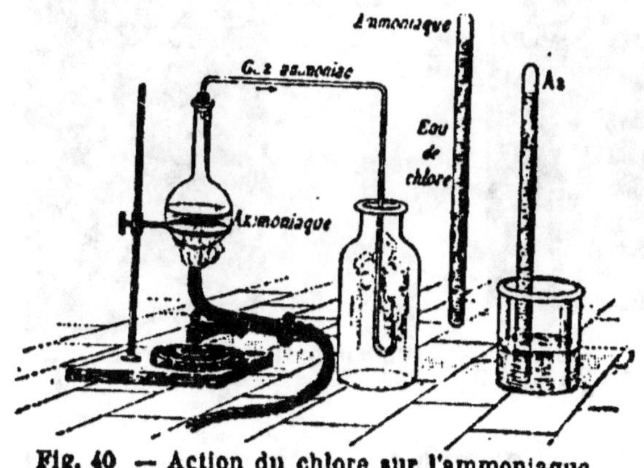

Fig. 40 — Action du chlore sur l'ammoniaque.

génés avec l'*acide sulfhydrique* il met le soufre en liberté :

$$H^2S + 2Cl = 2HCl + S.$$

acide sulfhydrique   soufre

Si l'on fait arriver un courant de gaz *ammoniac* AzH^3 dans un flacon de chlore (*fig.* 40), il y a inflammation du gaz ammoniac, et production d'acide chlorhydrique qui se combine à l'ammoniac non décomposé en formant du chlorure d'ammonium AzH^4Cl :

$$4AzH^3 + 3Cl = 3AzH^4Cl + Az.$$

On obtient la même réaction en faisant passer un courant de chlore dans une dissolution d'ammoniaque, ou en employant les deux corps en dissolution (*fig.* 40).

Dans tous les cas, il faut arrêter l'expérience avant que toute l'ammoniaque ait été transformée en chlorure d'ammonium, car il se ferait alors du chlorure d'azote $AzCl^3$, corps explosif extrêmement dangereux :

$$AzH^4Cl + 6Cl = AzCl^3 + 4HCl.$$

Parmi les métalloïdes, le *phosphore* s'enflamme quand on le plonge dans un flacon de chlore, et donne, suivant

Fig. 41. — Combustion dans le chlore :
A, du phosphore.   B, de l'antimoine.

que le chlore est ou non en excès, du pentachlorure PCl^5 ou du trichlorure PCl^3 (*fig.* 41, A).

Le *soufre* y brûle en formant des chlorures SCl^2 ou S^2Cl. L'*arsenic*, l'*antimoine* en poudre, s'y enflamment et donnent $AsCl^3$ ou $SbCl^3$ (*fig.* 41, B).

Parmi les *métaux*, le mercure, l'or, sont attaqués par le chlore à la température ordinaire ; le cuivre, le zinc chauffés au rouge y brûlent, tous sont attaqués à température plus ou moins élevée et transformés en chlorures.

L'énergie avec laquelle le chlore se combine aux métaux explique son action sur les *oxydes métalliques*; presque tous sont décomposés et transformés en chlorures, et suivant les cas, l'oxygène se dégage ou se combine au chlore en excès pour former de l'acide hypochloreux ou de l'acide chlorique.

Ainsi un courant de chlore passant sur de la *chaux* chauffée au rouge dans un tube de porcelaine donne la réaction

$$CaO + 2Cl = CaCl^2 + O,$$

tandis qu'à la température ordinaire, avec la chaux éteinte, le chlore donne une poudre blanche appelée vulgairement *chlorure de chaux* ou *chlore*, dont la formule est $CaOCl^2$, et qu'on emploie comme désinfectant.

Le chlore agissant sur l'*hydrate de potassium* donne, si la solution est froide et étendue, un mélange de chlorure et d'hypochlorite de potassium $ClOK$, qui constitue l'eau de Javel :

$$2KOH + 2Cl = KCl + ClOK + H^2O.$$

Le chlore agit aussi sur un grand nombre de *composés organiques*, soit en s'unissant à eux directement, soit, le plus souvent, en leur enlevant de l'hydrogène. Si l'on introduit dans un flacon de chlore un morceau de papier à filtre imprégné d'*essence de térébenthine* $C^{10}H^{16}$, le papier s'enflamme ; il se fait d'épaisses fumées d'acide chlorhydrique et un dépôt de charbon sur les parois du flacon :

$$C^{10}H^{16} + 16Cl = 16HCl + 10C.$$

87. Préparation. — Le chlore n'existe pas à l'état libre dans la nature, mais il est très répandu dans la mer et dans le sol, à l'état de chlorures et surtout de chlorure de sodium ou sel marin.

I. — *On prépare le chlore en décomposant, par le*

bioxyde de manganèse, l'acide chlorhydrique, fabriqué lui-même à l'aide du chlorure de sodium (92).

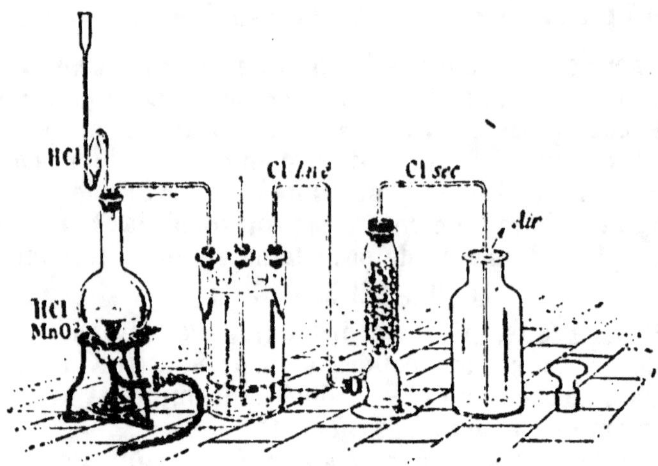

Fig. 42. — Préparation du chlore.

On chauffe légèrement les deux corps dans un ballon de verre muni d'un tube de sûreté; le bioxyde de manganèse fournit de l'oxygène qui s'unit à l'hydrogène de l'acide pour faire de l'eau; une partie du chlore se combine au manganèse; l'autre se dégage et passe dans un flacon laveur où elle abandonne l'acide chlorhydrique entraîné, puis dans une éprouvette à chlorure de calcium (corps solide, blanc, très avide d'eau), si l'on veut avoir du chlore sec (*fig.* 42).

Il reste dans le ballon de l'eau et du chlorure de manganèse MnCl² :

$$MnO^2 + 4HCl = 2H^2O + 2Cl + MnCl^2.$$

Comme on ne peut recueillir le chlore ni sur l'eau, où il se dissout, ni sur le mercure qu'il attaque, on le recueille *par déplacement* en faisant arriver le tube à dégagement au fond d'un flacon: le chlore, très dense, chasse l'air devant lui et remplit peu à peu le flacon, qui prend une teinte verte. On ferme ces flacons avec des bouchons de verre usés à l'émeri parce que le chlore attaque le liège.

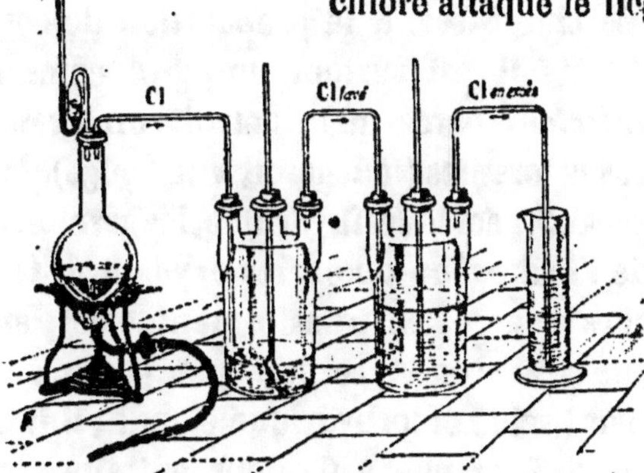

Fig. 43. — Préparation de l'eau de chlore.

Si l'on veut obtenir une dissolution de chlore, on fait arriver le gaz dans un appareil de Woolf, suite de flacons à trois tubulures (*fig*. 43).

II. — On obtient surtout aujourd'hui le chlore *par l'électrolyse du chlorure de sodium ou du chlorure de potassium*, électrolyse destinée généralement à préparer la soude ou la potasse. On fait passer un courant électrique dans le sel marin par exemple ; du chlore se dégage à l'électrode positive A, tandis que si le sel est fondu dans un creuset, le sodium déposé à l'électrode négative B (*fig*. 44) brûle en donnant un mélange d'oxyde et

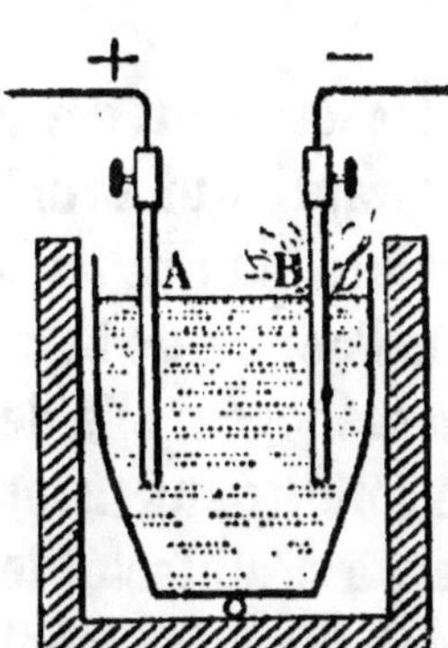

Fig. 44. — Électrolyse du chlorure de sodium fondu.

de bioxyde de sodium, ou est recueilli si on le soustrait à l'action de l'air ; si le sel est en dissolution dans l'eau, le sodium séparé décompose l'eau et donne à l'électrode négative de la soude et un dégagement d'hydrogène. Avec le chlorure de potassium on obtiendrait, outre le chlore, du potassium ou de la potasse.

Le chlore est souvent conservé à l'état liquide dans des récipients d'acier.

88. Usages. — Le chlore sert à la préparation de certains-chlorures ; mais il est surtout employé comme *décolorant* et *désinfectant* parce qu'il détruit un grand nombre de matières colorantes (tournesol, vin rouge), les composés ammoniacaux, l'acide sulfhydrique, les germes... en leur enlevant de l'hydrogène ou en les oxydant. Il fait disparaître les taches d'encre, en transformant le sel ferreux noir qui en est la base en un sel ferrique, jaune, que l'on peut enlever par l'acide chlorhydrique étendu ; il faut ensuite laver la tache à grande eau, pour entraîner les dernières traces d'acide ou de chlore qui détruiraient le papier ou l'étoffe. Il ne décolore pas l'encre d'imprimerie, qui est à base de charbon.

On emploie le chlore au *blanchiment* des toiles : il détermine l'oxydation rapide du principe colorant, qui brunit et devient soluble dans une lessive alcaline, ce qui ne se faisait que très lentement autrefois, sous l'action de l'air ; mais si l'action du chlore n'est pas bien ménagée, elle désagrège les fibres textiles et enlève toute solidité aux tissus. Il sert encore à blanchir la pâte à papier, à désinfecter les fosses d'aisances, à détruire les miasmes dans les hôpitaux, etc. Pour tous ces usages, on remplace le chlore gazeux, d'un usage peu commode, par les chlorures décolorants ou les hypochlorites, que l'on prépare par l'action du chlore sur la chaux, la soude et la potasse (94).

Acide chlorhydrique.

Formule : HCl. — Poids moléculaire : 36,5.

89. État naturel. — Le chlore forme avec l'hydrogène un seul composé, l'acide chlorhydrique ; ce corps existe dans les gaz qui se dégagent des volcans, et en dissolution dans les eaux qui descendent des montágnes volcaniques : ainsi le Rio-Vinagre, dans les Andes, en contient 1^g,217 par litre. Le suc gastrique renferme 2 à 3/1000 d'acide chlorhydrique.

90. Propriétés physiques. — L'acide chlorhydrique est un gaz incolore, d'une odeur piquante, d'une saveur très acide ; il a une action très irritante sur les poumons et provoque la toux et les larmes ; sa solution introduite dans l'estomac, produit de graves ulcérations. Sa densité est 1,25.

Il est très soluble dans l'eau, qui en dissout 500 fois son volume à 0°. On peut montrer cette grande solubilité par les expériences suivantes :

1° On porte sur la cuve à eau une éprouvette remplie d'acide chlorhydrique sec, et reposant sur une soucoupe contenant un peu de mercure ; si on soulève l'éprouvette, l'eau la remplit si brusquement en dissolvant le gaz, que l'éprouvette est souvent brisée.

2° On remplit d'acide chlorhydrique sec un flacon, que l'on ferme par un bouchon dans lequel passe un tube effilé. La partie extérieure de ce tube est fermée à la lampe ; on la fait plonger, en retournant le flacon, dans de l'eau bleuie par du tournesol, et on la casse (*fig.* 45). On voit alors le liquide jaillir dans le flacon, par suite du vide causé par l'absorption du gaz dissous au contact de l'eau ; et l'eau devient rouge, car l'acide chlorhydrique est un acide énergique. La dissolution de ce gaz s'ac-

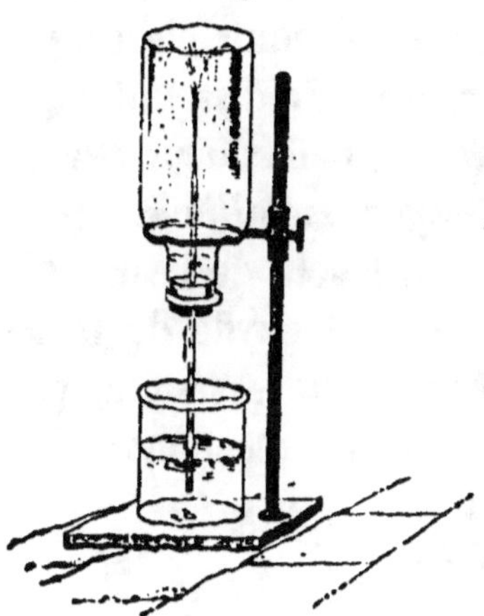

Fig. 45. — Solubilité de l'acide chlorhydrique.

compagne d'un dégagement de chaleur, et il y a formation de véritables composés ou hydrates bien définis.

Au contact de l'air, le gaz chlorhydrique émet des fumées, parce qu'il s'unit à l'eau contenue dans l'air pour former un hydrate qui se condense en brouillard.

L'acide chlorhydrique se liquéfie à — 80° en un liquide incolore qui, vers — 115°, se prend en masse cristalline.

91. Propriétés chimiques. — L'acide chlorhydrique est un acide très énergique, il rougit fortement la teinture de tournesol, il n'est pas combustible, et il éteint les corps en combustion. Il se décompose au-delà de 1400°, ou par une série d'étincelles électriques, en chlore et hydrogène, et la décomposition est limitée par la réaction inverse. Il se combine directement à l'*ammoniaque* en formant des fumées blanches de chlorure d'ammonium :

$$AzH^3 + HCl = AzH^4Cl.$$

A l'état gazeux il attaque tous les *métaux* autres que l'or et le platine, à une température plus ou moins élevée, en donnant des chlorures et de l'hydrogène. En dissolution, il n'agit pas sur le cuivre, ni le mercure; mais il agit sur le fer, le zinc, et sur la plupart des *oxydes métalliques*, qu'il transforme en chlorures, en donnant soit de l'eau, soit plus rarement du chlore comme avec le bioxyde de manganèse (préparation du chlore). Ainsi avec le sesquioxyde de fer, avec les hydrates alcalins, on a les réactions

$$Fe^2O^3 + 6HCl = Fe^2Cl^6 + 3H^2O,$$

sesquioxyde de fer　　　　perchlorure de fer

$$KOH + HCl = KCl + H^2O.$$

potasse　　　chlorure de potassium

92. Préparation. — *On prépare l'acide chlorhydrique en* *traitant le sel marin ou chlorure de sodium par l'acide sulfurique*, d'où le nom d'*esprit-de-sel* qu'on lui avait donné.

On chauffe les deux corps dans un ballon (*fig*. 46); il se fait du sulfate acide de sodium et de l'acide chlorhydrique :

$$NaCl + SO^4H^2 = HCl + SO^4NaH.$$

chlorure de   acide   sulfate acide
sodium   sulfurique   de sodium

Avec le sel marin ordinaire, la réaction est très vive, et il se produit un boursouflement que l'on évite en fondant le sel marin et cassant en gros fragments la masse solide obtenue par refroidissement.

Le gaz qui se dégage passe dans un flacon laveur où il se débarrasse de l'acide sulfurique entraîné, et on le recueille sur le mercure.

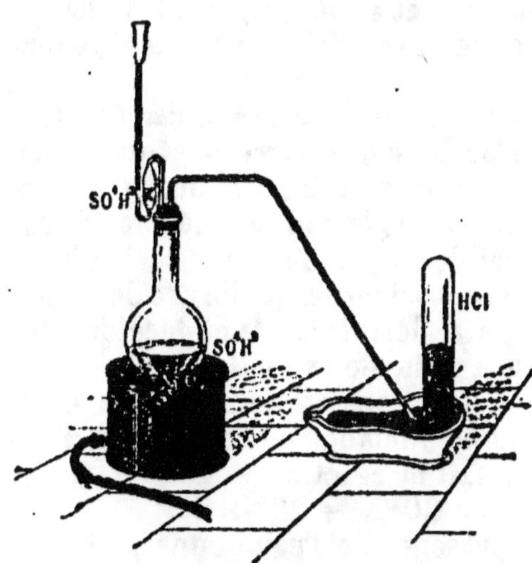

Fig. 46. — Préparation de l'acide chlorhydrique.

Dans l'industrie, on chauffe le sel marin et l'acide sulfurique dans de grands cylindres de fonte ou dans des fours; la température étant très élevée, le sulfate acide de sodium réagit sur le sel marin, et il se fait du sulfate neutre; on obtient donc deux fois plus d'acide chlorhydrique :

$$2NaCl + SO^4H^2 = SO^4Na^2 + 2HCl.$$

On fait passer l'acide chlorhydrique dans des bonbonnes de grès contenant de l'eau pour obtenir la dissolution, qui a les mêmes propriétés que le gaz et qui est d'un maniement plus facile.

93. Usages. — On emploie l'acide chlorhydrique dissous

dans la préparation du chlore, du gaz carbonique, de l'acide sulfhydrique, de l'hydrogène, des chlorures métalliques, etc. Il sert encore à décaper les métaux, à extraire la gélatine des os, etc. Avec l'acide azotique, il forme l'*eau régale*, employée pour dissoudre l'or (137).

Composés oxygénés du chlore.

94. Hypochlorites et chlorures. — Le chlore donne avec l'oxygène et l'eau des anhydrides et des acides nombreux, qui se forment avec absorption de chaleur : aussi ne se produisent-ils jamais directement, et se décomposent-ils facilement en chlore et oxygène, ce qui en fait des oxydants énergiques.

Les plus importants sont : l'*acide hypochloreux* $ClOH$ et l'*acide chlorique* ClO^3H. L'*acide hypochloreux* est un acide faible ; il se décompose à la température ordinaire sous l'action de la lumière en chlore et oxygène ; il est déplacé de ses sels par les acides même faibles comme l'acide carbonique, ce qui explique l'emploi des *hypochlorites* (chlorure de chaux, eau de Javel) comme oxydants, désinfectants et décolorants.

En effet, quand on laisse à l'air de l'eau de Javel (ou, ce que l'on vend le plus souvent sous ce nom dans le commerce, de l'eau de Labarraque, mélange de chlorure et d'hypochlorite de sodium), il se fait la réaction

$$2\,ClOK + CO^2 = CO^3 K^2 + 2Cl + O$$

et le chlore lui-même en présence de l'eau donne

$$2\,Cl + H^2O = 2HCl + O.$$

Par suite l'eau de Javel a fourni la même quantité d'oxygène qu'en aurait donné le chlore qui a servi à la préparer (86), mais étant liquide elle est plus transportable et plus facile à employer.

De même le chlorure de chaux (86) solide et transportable se décompose à l'air et agit comme le chlore employé pour sa préparation.

RÉSUMÉ DU CHAPITRE IX

Le *chlore* $Cl = 35,5$ est un gaz jaune verdâtre, d'une odeur suffocante ; sa densité est 2,45 ; il se dissout dans l'eau, et forme l'eau de chlore, qui s'altère à la lumière.

Il se combine directement avec presque tous les corps simples, en dégageant beaucoup de chaleur.

Mélangé à l'hydrogène à volumes égaux, il détone violemment à la lumière solaire, et forme de l'acide chlorhydrique. Par suite de cette grande affinité pour l'hydrogène, il décompose la vapeur d'eau, l'acide sulfhydrique, l'ammoniaque et un grand nombre de composés organiques. Le phosphore, le soufre, l'arsenic, l'antimoine brûlent dans le chlore ; tous les métaux sont transformés en chlorures à température plus ou moins élevée. On prépare le chlore en chauffant l'acide chlorhydrique avec du bioxyde de manganèse ; on le recueille par déplacement, ou dans une série de flacons de Woolf si on veut l'avoir en dissolution. Le chlore est utilisé comme décolorant et désinfectant, pour le blanchiment des toiles, du papier ; on l'emploie surtout à l'état de chlorures et d'hypochlorites.

L'acide chlorhydrique HCl est un gaz incolore, d'une odeur piquante, très soluble dans l'eau ; il forme des fumées à l'air, en s'unissant à la vapeur d'eau. C'est un acide très énergique. Il n'est pas combustible et n'entretient pas la combustion. Avec l'ammoniaque il produit des fumées blanches de chlorure d'ammonium. Il attaque tous les métaux sauf l'or et le platine, et la plupart des oxydes métalliques, et donne des chlorures. On le prépare en chauffant le sel marin ou chlorure de sodium avec l'acide sulfurique, il se fait du sulfate de sodium, et du gaz chlorhydrique ; on le recueille sur le mercure, ou dans des bonbonnes de grès contenant de l'eau si on veut l'avoir en dissolution.

L'acide chlorhydrique est employé surtout en dissolution, dans la préparation du chlore, de l'hydrogène, etc. ; pour décaper les métaux, extraire la gélatine des os, etc. Avec l'acide azotique, il forme l'eau régale.

CHAPITRE X

SOUFRE. — ACIDE SULFHYDRIQUE

Soufre.

Symbole : S. — Poids atomique : 32.

95. État naturel. — Le soufre est connu de toute antiquité, car il existe à l'état natif, soit cristallisé, soit amorphe, dans le voisinage des volcans, particulièrement en Italie autour des *solfatares* ; on le trouve encore en masses compactes dans des couches de gypse et de calcaire, en Sicile et dans la Louisiane ; enfin il entre dans la composition d'un grand nombre de minéraux, sulfures ou sulfates, et de quelques matières organiques : bile, essence d'ail ou de moutarde, etc.

96. Propriétés physiques. — Le soufre est solide, jaune citron ; il n'a ni odeur, ni saveur ; sa densité est 2. Il est mauvais conducteur de l'électricité et de la chaleur : on peut l'électriser par le frottement, et si on chauffe un canon de soufre avec la main, ou si on le plonge dans l'eau chaude, on entend des craquements dus à la dilatation des couches superficielles et à leur séparation des parties intérieures non échauffées.

Le soufre est insoluble dans l'eau, mais soluble dans l'éther, la benzine et surtout le sulfure de carbone CS^2 ; en laissant évaporer lentement cette dissolution, le soufre se dépose en cristaux *octaédriques* (*fig.* 47). Si l'on fait cristalliser le soufre en le fondant dans un creuset de terre et le laissant refroidir, on obtient de longues aiguilles

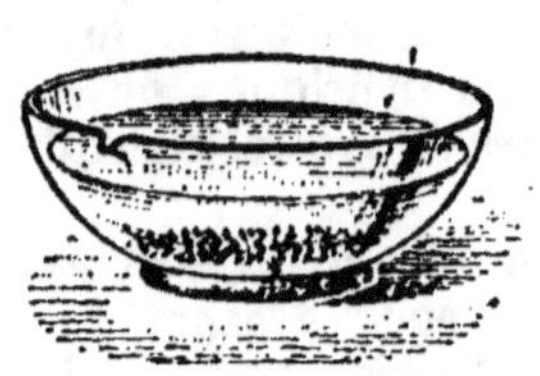

Fig. 47. — Cristallisation du soufre par évaporation.

transparentes, d'un jaune clair, *prismatiques* (*fig.* 48). Le soufre cristallise donc dans deux systèmes différents, il est *dimorphe*, et ces deux sortes de cristaux sont deux états allotropiques du soufre.

Les aiguilles de soufre prismatique abandonnées à la température ordinaire perdent peu à peu leur transparence en dégageant de la chaleur et en augmentant de densité : elles se transforment en chapelets d'octaèdres. Inversement les octaèdres maintenus quelque temps vers 100° se transforment en prismes en absorbant de la chaleur ; la forme octaédrique est donc la plus stable à la température ordinaire, et la forme prismatique au-dessus de 100°.

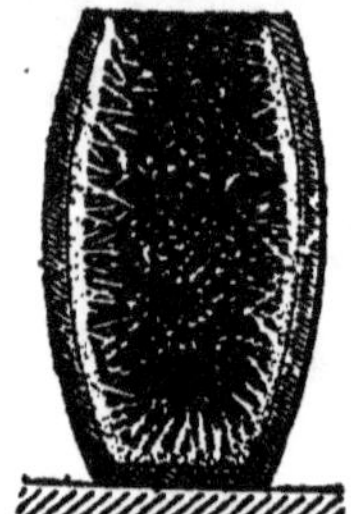

Fig. 48. — Cristallisation du soufre par fusion.

Le soufre fond vers 114° en un liquide jaune clair, mobile, qui, refroidi, donne un solide jaune, friable. Ce liquide chauffé à 150°, brunit, devient visqueux ; à 220°, il est noir, et assez épais pour qu'on puisse renverser le vase où on le chauffe sans que le soufre coule. Au-dessus de 230°, il redevient fluide en restant très foncé, et il bout à 447°. La densité de sa vapeur est de 6,6 à 500° ; elle diminue ensuite et ne prend une valeur constante, égale à 2,2, et correspondant à son poids atomique, qu'à partir de 860°.

Si on refroidit brusquement le soufre liquide chauffé à 250° environ en le faisant couler en filet mince dans de l'eau froide, on obtient un corps brun clair, mou, élastique, translucide, qu'on appelle le *soufre mou*. Ce soufre repasse en quelques jours à l'état de soufre ordinaire en perdant sa transparence et son élasticité.

Si l'on dissout le soufre mou dans le sulfure de carbone, on constate qu'il reste toujours un résidu pulvérulent, jaune pâle, que l'on observe aussi, en proportion moindre, quand on dissout du soufre ordinaire ; c'est encore une variété allotropique du soufre, le *soufre insoluble*, qui se produit d'autant plus que le soufre a été porté à une température plus élevée et refroidi plus brusquement.

97. Propriétés chimiques. — Frotté ou chauffé à l'air à 200°, le soufre devient phosphorescent ; à 250° il s'enflamme et brûle avec une flamme bleue en formant du gaz sulfureux SO^2. Dans l'*oxygène*, la combustion est beaucoup plus vive (23). Le soufre se combine directement avec le *chlore* (86), le *phosphore* et presque tous les métalloïdes sauf l'azote.

Le *carbone* brûle dans la vapeur de soufre en donnant un liquide d'une odeur très désagréable, le sulfure de carbone CS². Le soufre s'unit directement à l'*hydrogène* vers 400° en formant de l'acide sulfhydrique H²S, mais cette combinaison est limitée par la réaction inverse.

La plupart des *métaux* chauffés dans la vapeur de soufre, y brûlent comme dans l'oxygène, en donnant des sulfures analogues aux oxydes; si l'on chauffe dans un tube à essai du soufre avec des copeaux de cuivre, le cuivre devient incandescent et il se fait du sulfure noir Cu²S. Avec la limaille de fer humide, la combinaison se fait même à froid et le dégagement de chaleur est assez grand pour vaporiser l'eau.

Toutes ces propriétés rapprochent le soufre de l'oxygène.

Le soufre se combinant facilement à l'oxygène est donc un réducteur : avec l'acide sulfurique, il donne de l'eau et de l'anhydride sulfureux ; avec l'acide azotique, il donne de l'acide sulfurique et de l'oxyde azotique AzO.

Avec l'azotate de potassium ou salpêtre, il forme du sulfure de potassium, de l'azote et de l'oxygène qui peut, avec le charbon, donner du gaz carbonique en brûlant en vase clos ; d'où l'usage du mélange de soufre, de charbon et de salpêtre comme explosif, sous le nom de *poudre noire*.

98. Extraction. — Le soufre se trouvant à l'état natif, pour l'extraire il suffit de le séparer des matières terreuses.

1° *Procédé américain.* — Depuis quelques années on exploite, dans la Louisiane, un gisement considérable par un procédé très perfectionné: on fond le soufre dans la terre par de l'eau surchauffée, sous pression, qui refoule le soufre fondu et le fait remonter à la surface du sol. Ce soufre, presque pur, n'a pas besoin d'être raffiné.

2° *Procédé sicilien.* — En Sicile, où le minerai est abondant, riche en soufre (40 %), et où le combustible est rare, on sépare le soufre de la gangue par fusion. On dispose le minerai en meules ou *calcaroni* sur des aires circulaires, inclinées, entourées d'un mur en maçonnerie de 1^m,50 à 2^m de haut ; on laisse dans la masse des sortes de cheminées, et on recouvre la meule de terre (*fig.* 49).

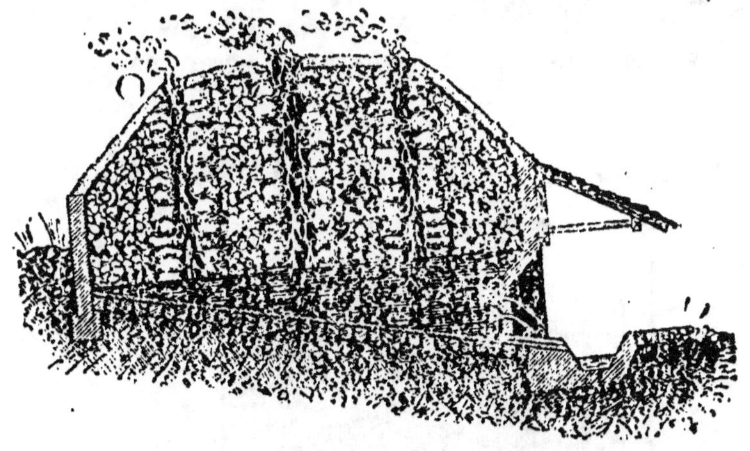

Fig. 49. — Extraction du soufre par fusion.

Par les cheminées, on introduit des branchages allumés ; une partie du soufre brûle et dégage assez de chaleur pour fondre le reste, qui s'écoule par un orifice ménagé à la partie la plus basse de l'aire inclinée. Ce procédé est très rapide, peu coûteux, mais fait perdre environ un tiers du soufre du minerai.

3° A *Pouzzoles*, le minerai est placé dans des vases de

ter:e ou de fonte disposés sur deux rangs dans un fourneau, et communiquant chacun avec un autre vase placé à l'extérieur (*fig*. 50). Le soufre distille et se condense dans les vases froids d'où il coule dans des baquets pleins d'eau. On extrait ainsi une plus grande proportion du soufre du minerai, mais le procédé est plus coûteux.

Fig. 50. — Extraction du soufre par distillation.

99. Raffinage. — Le soufre brut ainsi obtenu renferme

Fig. 51. — Raffinage du soufre brut.

encore 2 à 3 °/₀ de matières terreuses. Pour l'avoir pur on le distille : le soufre est fondu (*fig.* 51), par la chaleur perdue du foyer, dans une chaudière A, où les matières terreuses se déposent, et d'où il coule dans une cornue en fonte B chauffée directement : il se vaporise et les vapeurs viennent se condenser dans une grande chambre en maçonnerie. Tant que les parois de cette chambre sont à une température inférieure à celle de la fusion du soufre, les vapeurs se condensent sous forme de poussière très légère ou *fleur de soufre*. Quand les parois se sont échauffées par suite de la chaleur dégagée par la condensation, le soufre se liquéfie et se rassemble à la partie inférieure de la chambre, d'où on le fait couler dans des moules en bois coniques plongés dans l'eau ; on obtient ainsi le *soufre en canons*.

100. Usages. — L'industrie emploie annuellement en France des millions de kilogrammes de soufre pour la fabrication des allumettes, de la poudre à tirer, du gaz sulfureux, de l'acide sulfurique, du sulfure de carbone, etc. Le soufre sert à sceller le fer dans la pierre, à prendre des empreintes de médailles, à préparer les mèches soufrées, à *vulcaniser* le caoutchouc qui, s'il n'est pas uni à quelques centièmes de soufre, se ramollit quand la température s'élève, et devient cassant à froid.

Le soufre est encore employé en médecine contre les maladies de la peau et les maux de gorge ; et en agriculture, au soufrage de la vigne, pour détruire l'*oïdium*, champignon parasite qui se développe sur les feuilles et les tiges de la vigne et arrête le développement des grains de raisin.

COMPOSÉ HYDROGÉNÉ DU SOUFRE

Acide sulfhydrique.

Formule : H²S. — Poids moléculaire : 34.

101. État naturel. — L'acide sulfhydrique se trouve dans les gaz volcaniques, dans certaines eaux minérales (Aix, Barèges, Eaux-Bonnes); il se produit dans la décomposition des matières organiques sulfurées (œufs, crucifères), dans la réduction des sulfates par les matières organiques, comme on le constate dans la boue des rues, les égouts.

102. Propriétés physiques. — L'acide sulfhydrique ou *hydrogène sulfuré* est un gaz incolore, d'une odeur désagréable rappelant celle des œufs pourris ; sa densité est 1,19. L'eau en dissout 3 fois son volume à la température de 15°.

Il se liquéfie à 0° sous la pression de 17 atmosphères, et se solidifie à — 85° en cristaux incolores.

103. Propriétés chimiques. — L'acide sulfhydrique est un acide faible qui fait passer le tournesol au rouge vineux.

Il est décomposé au rouge, en soufre et hydrogène, mais la décomposition est limitée par la réaction inverse.

A l'air, il s'enflamme au contact d'une bougie allumée, et brûle avec une flamme bleue, en donnant de l'eau et du gaz sulfureux :

$$H^2S + 3O = H^2O + SO^2.$$

Un mélange d'acide sulfhydrique et d'*oxygène*, fait dans les proportions indiquées par cette réaction, détone quand on l'enflamme. L'acide azotique très concentré, versé dans une éprouvette d'acide sulfhydrique, l'enflamme.

Si la quantité d'air ou d'oxygène est insuffisante, il se fait de l'eau, et un dépôt de soufre :

$$H^2S + O = H^2O + S.$$

En présence de l'eau, l'oxygène décompose l'acide sulfhydrique dès la température ordinaire ; aussi la dissolution de ce gaz doit-elle être faite avec de l'eau récemment bouillie et conservée dans des flacons pleins et bien bouchés ; à l'air elle perd son odeur et devient laiteuse à cause du soufre très divisé qu'elle tient en suspension.

En présence des corps poreux, la solution d'hydrogène sulfuré se transforme à l'air en acide sulfurique SO^4H^2, ce qui explique la destruction rapide du linge dans les établissements d'eaux sulfureuses.

L'acide sulfhydrique est décomposé par le *chlore*, d'où l'emploi du chlore comme désinfectant.

L'acide sulfhydrique attaque la plupart des *métaux*, soit à chaud, soit en présence de l'eau, et forme des sulfures, le plus souvent noirs ; c'est pourquoi l'argent, le plomb et les peintures à base de plomb noircissent dans une atmosphère renfermant de l'hydrogène sulfuré.

Quelques sulfures métalliques ont des couleurs caractéristiques, comme le sulfure de zinc qui est blanc, le sulfure de cadmium, jaune, le sulfure d'antimoine, jaune orangé ; et l'hydrogène sulfuré est employé dans l'analyse des sels pour déterminer la nature du métal.

104. Action physiologique. — L'acide sulfhydrique gazeux est un poison violent, qui agit probablement sur le fer de l'hémoglobine en le transformant en sulfure ; $\frac{1}{1500}$ dans l'air tue un oiseau, $\frac{1}{200}$ un cheval. C'est à ce gaz surtout qu'est due la mort très rapide des ouvriers qui pénètrent dans des fosses d'aisances dont l'aération a été insu sante ; on combat ses effets par l'oxygène pur ou par le chlore très dilué que l'on obtient en trempant un linge dans de l'eau de Javel et l'arrosant de vinaigre. En dissolution, il est moins dangereux et l'on peut absorber d'assez grandes quantités d'eaux sulfureuses, qui lui doivent leurs propriétés médicinales.

105. Préparation. — *On prépare l'acide sulfhydrique en décomposant le sulfure de fer FeS par l'acide chlorhydrique ou l'acide sulfurique, dans un appareil à hydrogène (fig. 52) ; il se fait du chlorure ou du sulfate de fer, et de l'acide sulfhydrique qu'on recueille sur le mercure ou sur l'eau salée :*

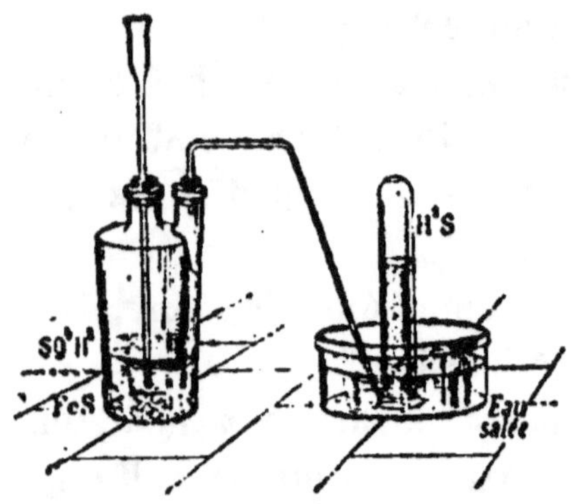

Fig. 52. — Préparation de l'acide sulfhydrique.

$$FeS + 2HCl = FeCl^2 + H^2S,$$
$$FeS + SO^4H^3 = SO^4Fe + H^2S.$$

106. Usages. — L'acide sulfhydrique est employé dans les laboratoires pour l'analyse des sels métalliques, et en médecine contre les maladies de la peau et des voies respiratoires. Dans l'industrie, on l'emploie pour certaines précipitations et réductions ; dans ce cas, on le prépare par l'action de l'acide chlorhydrique sur les résidus de la fabrication de la soude, qui renferment surtout du sulfure de calcium.

RÉSUMÉ DU CHAPITRE X

Le *soufre* S = 32 est solide, jaune citron, mauvais conducteur ; il est insoluble dans l'eau, soluble surtout dans le sulfure de carbone ; il cristallise en octaèdres ou en prismes. Il fond vers 1 °, puis devient brun et visqueux à 220°, redevient fluide ensuit et bout à 447°. Chauffé à 250°, puis refroidi brusquement, il for le soufre mou.

Le soufre brûle avec une flamme bleue en donnant du gaz sulfureux. Il se combine directement au chlore, au phosphore, au carbone, et à la plupart des métaux.

Le soufre se rencontre à l'état natif ; on le sépare des matières terreuses auxquelles il est mélangé, par fusion (procédé des calcaroni), ou par distillation. Le soufre brut est ensuite raffiné par distillation, et donne la fleur de soufre, puis le soufre en canons.

Le soufre sert dans la fabrication des allumettes, de la poudre, du gaz sulfureux, de l'acide sulfurique, du caoutchouc vulcanisé, etc. La fleur de soufre est employée pour le soufrage des vignes.

L'*acide sulfhydrique* H_2S est un gaz incolore, à odeur d'œufs pourris ; il est soluble dans l'eau. C'est un acide faible. Il brûle à l'air avec une flamme bleue, en donnant de l'eau et du gaz sulfureux ; en présence de l'eau, l'oxygène le décompose à la température ordinaire. Il est décomposé par le chlore ; il forme, avec la plupart des métaux, des sulfures et de l'hydrogène.

C'est un poison violent. En dissolution, il est employé en médecine.

On prépare l'acide sulfhydrique en décomposant le sulfure de fer par l'acide chlorhydrique ou l'acide sulfurique.

On l'emploie souvent dans les laboratoires pour l'analyse des sels métalliques.

CHAPITRE XI

COMPOSÉS OXYGÉNÉS DU SOUFRE

---

107. Le soufre forme avec l'oxygène et l'eau de nombreux composés, dont les principaux sont : l'*anhydride sulfureux* SO_2, dont l'acide correspondant SO_3H_2 n'a pu être isolé, mais donne des sels bien définis ; et l'*acide sulfurique* SO_4H_2.

Anhydride sulfureux.

Formule : SO². — Poids moléculaire : 64.

108. État naturel. — L'anhydride sulfureux est connu aussi anciennement que le soufre ; il existe dans les émanations gazeuses des volcans et dans l'atmosphère des villes industrielles.

109. Propriétés physiques. — L'anhydride sulfureux est un gaz incolore, d'une odeur suffocante, qui provoque la toux ; sa densité est 2,23.

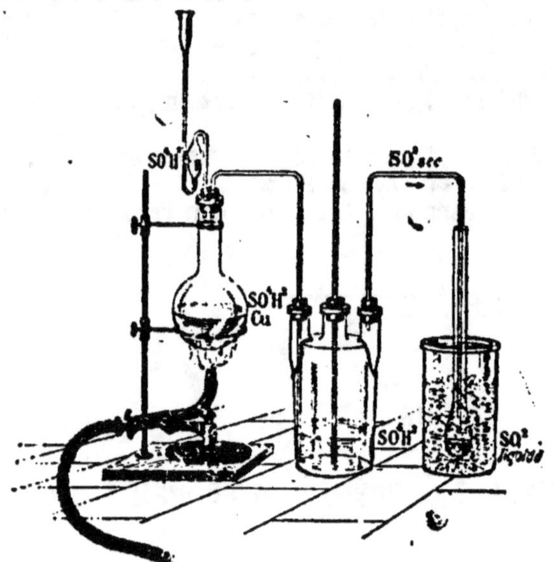

Fig. 52 — Liquéfaction du gaz sulfureux.

Il se liquéfie facilement, dans un mélange de glace et de sel (*fig.* 53), et donne un liquide incolore, très mobile, qui bout à — 8° et se solidifie à — 75°. L'évaporation rapide de ce liquide dans le vide ou dans un courant d'air sec peut abaisser la température à — 68°, et par suite congeler le mercure.

Le gaz sulfureux est très soluble dans l'eau, qui en

dissout 50 fois son volume à la température ordinaire ; la solution rougit le tournesol et agit comme un biacide dont la formule, déduite de celle des sulfites cristallisables qu'elle forme avec les bases fortes, serait

$$SO^3H^2 = SO^2 + H^2O.$$

110. Propriétés chimiques. — Le gaz sulfureux éteint les corps en combustion et ne brûle pas. L'*oxygène* sec n'a d'action sur lui à aucune température ; mais sous l'influence des étincelles électriques, ou si l'on fait passer les deux gaz sur de la mousse de platine chauffée, il se forme de l'anhydride sulfurique SO^3, corps blanc, cristallisé, très avide d'eau. En présence de l'eau, la combinaison du gaz sulfureux et de l'oxygène se fait dès la température ordinaire, et l'on obtient de l'acide sulfurique :

$$SO^3 + O + H^2O = SO^4H^2.$$

C'est pourquoi la dissolution du gaz sulfureux doit être faite avec de l'eau bouillie, et conservée dans des flacons pleins et bien bouchés.

Cette tendance de l'anhydride sulfureux à s'oxyder, en présence de l'eau, en fait un réducteur : avec l'*acide azotique*, par exemple, il donne du peroxyde d'azote et de l'acide sulfurique, et cette action est la base de la préparation de ce dernier corps :

$$SO^2 + 2AzO^3H = SO^4H^2 + 2AzO^2.$$

Il peut aussi réduire la plupart des *matières colorantes* végétales ou animales en les décolorant ; ainsi des violettes des roses, blanchissent dans une éprouvette de gaz sulfureux. La matière colorante n'est pourtant pas toujours détruite si l'action n'a pas été trop prolongée, car les violettes reprennent peu à peu leur coloration à l'air ;

elles deviennent vertes dans l'ammoniaque et rouges dans l'acide sulfurique très étendu.

Le gaz sulfureux peut à son tour être réduit par l'*hydrogène*, au rouge, avec formation d'eau et de soufre ; et dès la température ordinaire en présence de l'eau, avec production d'acide sulfhydrique :

$$SO^2 + 4H = 2H^2O + S,$$
$$SO^2 + 6H = 2H^2O + H^2S$$

114. Préparation. — On prépare le gaz sulfureux dans l'industrie *en brûlant du soufre ou des pyrites dans l'air* ; les pyrites grillées forment en même temps du sesquioxyde de fer :

$$2FeS^2 + 11O = Fe^2O^3 + 4SO^2.$$

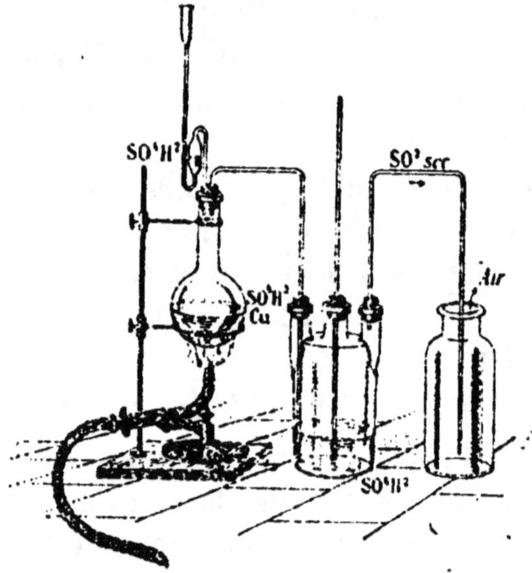

Fig. 51. — Préparation du gaz sulfureux.

Le gaz obtenu est alors mêlé à l'azote et aux autres gaz de l'air.

Dans les laboratoires, pour l'avoir pur, *on le prépare en*

désoxydant partiellement l'acide sulfurique à l'aide d'un métal : cuivre ou mercure, ou d'un métalloïde : charbon ou soufre. On chauffe l'acide avec de la tournure de cuivre, dans un ballon muni d'un tube en S et d'un tube se rendant sur la cuve à mercure, ou dans un flacon sec (*fig.* 54) ; il reste dans le ballon de l'eau et du sulfate de cuivre :

$$2SO^4H^2 + Cu = SO^4Cu + 2H^2O + SO^2.$$

Avec le charbon, il se fait du gaz carbonique qui se dégage en même temps que l'anhydride sulfureux ; aussi emploie-t-on surtout ce procédé pour préparer la solution du gaz sulfureux, parce que le gaz carbonique, bien moins soluble, est ainsi séparé en partie, et que sa présence dans la dissolution n'a aucun inconvénient :

$$2SO^4H^2 + C = 2H^2O + 2SO^2.$$

On remplace le charbon par du soufre pour la liquéfaction du gaz sulfureux à cause de la grande quantité de gaz qui se dégage :

$$2SO^4H^2 + S = 2H^2O + 3SO^2.$$

112. Usages. — Le gaz sulfureux est employé surtout dans la préparation de l'acide sulfurique et dans celle de l'hyposulfite de sodium, $S^2O^3Na^2$, qui sert en photographie pour dissoudre les sels d'argent et fixer les images sur le verre ou le papier.

On l'emploie dans la préparation des sulfites, la décoloration des jus sucrés de cannes et de betteraves, des bouillons de colle et de gélatine. Il sert à blanchir la laine, la soie, la paille, les plumes, les éponges ; pour cela on brûle du soufre dans une chambre où l'on a suspendu les objets à décolorer, humectés d'eau ; on lave ensuite les objets à grande eau pour éliminer tout l'acide sulfureux, qui se transformerait à l'air en acide sulfurique.

On peut encore employer le gaz sulfureux pour enlever les taches de fruits et de vin sur le linge ; comme antiseptique, pour détruire les germes des maladies contagieuses, les insectes, pour désinfecter la literie ; on l'emploie en fumigations contre les maladies de peau et la gale. On détruit les germes de moisissures dans les tonneaux où l'on veut conserver des liquides alcooliques, en y faisant brûler des mèches soufrées.

Pour éteindre les feux de cheminée, on jette sur le foyer du soufre, et on bouche l'ouverture de la cheminée avec des linges mouillés ; le gaz sulfureux qui se forme aux dépens de l'air n'entretient pas la combustion et la suie enflammée s'éteint. Enfin le froid produit par l'évaporation rapide de l'anhydride sulfureux liquide est utilisé pour la préparation industrielle de la glace (procédé Pictet).

Acide sulfurique.

Formule : SO^4H^2. — Poids moléculaire : 98.

113. État naturel. — L'acide sulfurique paraît avoir été connu dès le XIII° siècle ; on l'appelait alors *huile de vitriol*, parce qu'on le retirait du sulfate de fer ou *vitriol vert*. Il existe dans la nature à l'état libre dans les eaux, au voisinage des volcans, comme dans le Rio Vinagre des Andes ; et il forme des sulfates très répandus (sulfates de calcium, de baryum, etc.).

114. Propriétés physiques. — L'acide sulfurique du commerce est un liquide incolore, oléagineux, inodore, et d'une saveur très acide ; sa densité est 1,85, il marque 66° à l'aréomètre Baumé.

Il se solidifie à — 34° et bout à 325°.

Il renferme plus d'eau que l'acide normal SO^4H^2 et correspond sensiblement à la formule $SO^4H^2 + \frac{4}{12} H^2O$.

L'acide normal, que l'on peut obtenir en ajoutant de l'anhydride sulfurique en quantité voulue à l'acide ordinaire, se solidifie à 10°,5 et bout à 338°.

L'ébullition de l'acide sulfurique se fait par grosses bulles qui soulèvent le liquide puis le laissent brusquement retomber, à cause de la viscosité du liquide et de son adhérence pour le verre. Pour éviter ces chocs qui pourraient amener la rupture des cornues, on introduit dans

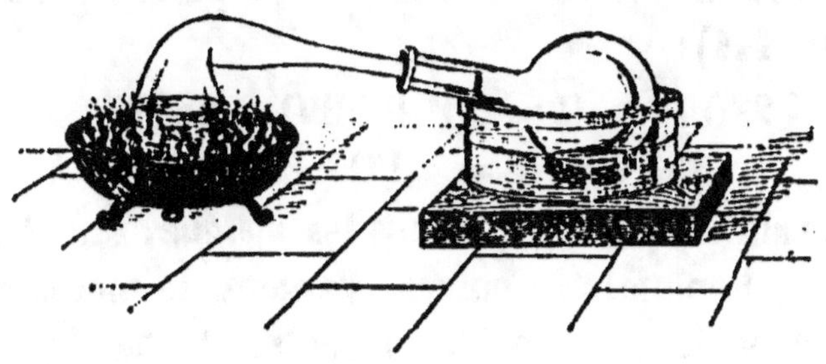

Fig. 55. — Distillation de l'acide sulfurique.

l'acide des fils de platine ou un corps poreux, qui produisent une ébullition plus régulière ; ou bien on chauffe les cornues à l'aide d'une grille circulaire (*fig.* 55), qui détermine la production de vapeurs seulement par la surface du liquide.

115. Propriétés chimiques. — L'acide sulfurique est un acide très énergique ; il colore le tournesol en rouge pelure d'oignon, même quand il est très étendu.

Il se décompose, au rouge vif, en anhydride sulfureux, oxygène, et eau :

$$SO^4H^2 = SO^2 + O + H^2O..$$

Il est décomposé par les corps avides d'oxygène, à température plus ou moins élevée ; ainsi avec l'*hydrogène*, au rouge, il donne de l'eau, et du gaz sulfureux ou du soufre, suivant les proportions des corps :

$$SO^4H^2 + 2H = SO^2 + 2H^2O,$$
$$SO^4H^2 + 6H = S + 4H^2O.$$

Si la température est insuffisante pour décomposer l'hydrogène sulfuré, ce gaz peut se produire :

$$SO^4H^2 + 8H = 4H^2O + H^2S.$$

Le *carbone*, le *soufre* peuvent aussi réduire l'acide sulfurique, comme on l'a vu dans la préparation du gaz sulfureux (111) :

$$2SO^4H^2 + C = CO^2 + 2H^2O + 2SO^2,$$
$$2SO^4H^2 + S = 2H^2O + 3SO^2.$$

L'acide sulfurique attaque tous les *métaux*, sauf l'or et le platine ; le plomb, le cuivre, l'argent, le mercure ne sont attaqués que par l'acide concentré et chaud, et forment un sulfate et du gaz sulfureux ; le fer, le zinc, décomposent à froid l'acide étendu, en formant un sulfate et de l'hydrogène [préparations du gaz sulfureux (111) et de l'hydrogène (19)] :

$$Cu + 2SO^4H^2 = SO^4Cu + SO^2 + 2H^2O,$$
$$Zn + SO^4H^2 = SO^4Zn + H^2.$$

L'acide sulfurique se combine avec l'*eau* en dégageant beaucoup de chaleur ; quand on mélange 4 parties d'acide avec 1 partie d'eau, la température peut atteindre 100°. Aussi, lorsqu'on veut étendre d'eau l'acide sulfurique, doit-on verser l'acide dans l'eau très lentement, en agitant constamment le liquide pour répartir la chaleur. Si l'on versait l'eau dans l'acide, chaque goutte d'eau en arrivant au contact de l'acide se vaporiserait et projetterait l'acide, ce qui pourrait blesser l'opérateur. La glace fond rapidement au contact de l'acide sulfurique ; il se produit un dégagement de chaleur par suite de la combinaison et une absorption de chaleur due à la fusion de glace, et l'on observe la différence des deux effets ; ainsi le mélange de 4 parties d'acide et 1 partie de glace élève la température d'environ 90°, tandis que celui de 4 parties de glace et 1 partie d'acide peut l'abaisser à 16° en dessous de zéro.

Cette affinité de l'acide sulfurique pour l'eau explique son action sur les tissus organiques, la peau, le bois, etc. qu'il carbonise en leur enlevant de l'eau.

L'acide sulfurique est un biacide : il peut donner avec les métaux alcalins des sulfates neutres, tels que SO^4K^2, ou des sulfates acides, comme SO^4HK, qu'on appelle encore bisulfates ; avec les métaux dont un atome remplace 2 atomes d'hydrogène, comme le cuivre, le calcium, il donne des sulfates neutres SO^4Cu, SO^4Ca.

116. Action physiologique. — L'acide sulfurique produit, sur la peau, des brûlures profondes qui sont très dangereuses ; il faut les laver, le plus vite possible, avec de l'eau ammoniacale, ou les couvrir d'un liniment formé de lait de chaux battu avec de l'huile d'olive. A l'intérieur, il corrode fortement les muqueuses et amène rapidement la mort.

117. Préparation. — On ne prépare guère l'acide sulfurique dans les laboratoires, mais on en fabrique des millions de kilogrammes dans l'industrie.

Cette préparation est fondée sur l'*oxydation du gaz sulfureux par l'acide azotique, et la régénération de l'acide azotique, par l'action de l'air et de l'eau sur les produits nitreux formés.*

L'oxygène et l'eau fixés sur le gaz sulfureux sont donc pris à l'air et à la vapeur d'eau envoyés directement, par l'intermédiaire de l'acide azotique qui, en principe, devrait se retrouver intégralement à la fin de l'expérience. Dans la pratique, une partie de l'acide azotique est entraînée par l'acide sulfurique et les gaz qui s'échappent de l'appareil, et l'on s'efforce de rendre cette perte aussi faible que possible.

Théorie de la préparation. — Le gaz sulfureux et l'acide azotique AzO³H forment de l'acide sulfurique et du peroxyde d'azote (110); ils peuvent donner aussi du sulfate acide de nitrosyle, SO⁴H.AzO, c'est-à-dire de l'acide sulfurique dont un atome d'hydrogène est remplacé par le nitrosyle, ou oxyde azotique AzO :

$$SO^3 + AzO^3H = SO^4H.AzO.$$

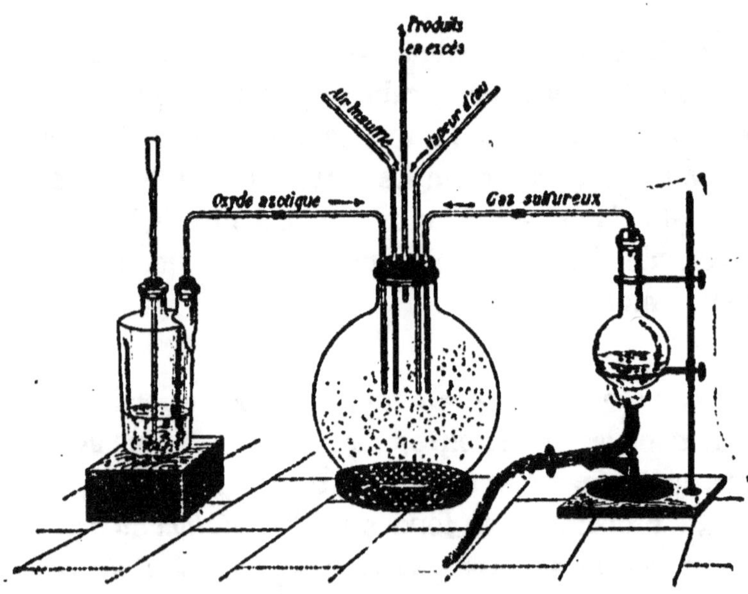

Fig. 56. — Production d'acide sulfurique dans les laboratoires.

Ce sulfate, au contact d'un excès d'eau, se décompose en

acide sulfurique et en vapeurs rouges d'anhydride azoteux Az^2O^3 :

$$2(SO^4H.AzO) + H^2O = 2SO^4H^2 + Az^2O^3.$$

L'anhydride azoteux se dédouble en oxyde azotique AzO et peroxyde d'azote AzO^2 qui, au contact du gaz sulfureux, de l'oxygène de l'air et d'une faible quantité d'eau, reforment du sulfate de nitrosyle :

$$2SO^2 + 3O + 2AzO + H^2O = 2(SO^4H.AzO).$$

Une nouvelle quantité d'eau décompose ce sulfate, et les mêmes réactions se reproduisent indéfiniment.

On peut se rendre compte de ces réactions en faisant arriver, dans un grand ballon au fond duquel on a mis un peu d'eau, de l'oxyde azotique et du gaz sulfureux (*fig.* 56) ; au contact de l'air du ballon, l'oxyde azotique forme des vapeurs rouges de composés azotés plus riches en oxygène ; puis ces vapeurs disparaissent pendant qu'il se fait sur les parois du ballon des cristaux de sulfate acide de nitrosyle, dits *cristaux des chambres de plomb.*

Si l'on envoie de la vapeur d'eau et de l'air dans le ballon, ces cristaux disparaissent instantanément en dégageant des vapeurs rouges et formant de l'acide sulfurique qui se dissout dans l'eau du ballon. Une nouvelle quantité de gaz sulfureux produit de nouveaux cristaux, et les mêmes réactions recommencent.

Fabrication industrielle. — Dans l'industrie, on prépare l'acide sulfurique dans de grandes chambres en plomb, soutenues par une charpente en bois (*fig.* 57), où l'on fait arriver du gaz sulfureux chargé de vapeurs nitreuses, de l'air et de la vapeur d'eau ou de l'eau froide pulvérisée, ce qui économise le combustible et augmente le rendement.

Le gaz sulfureux est produit par le grillage du soufre ou des pyrites, dans des fours spéciaux, et la chaleur dégagée par cette combustion sert à vaporiser l'eau placée dans des chaudières au-dessus des fours ; cette vapeur est envoyée dans les deux premières cham-

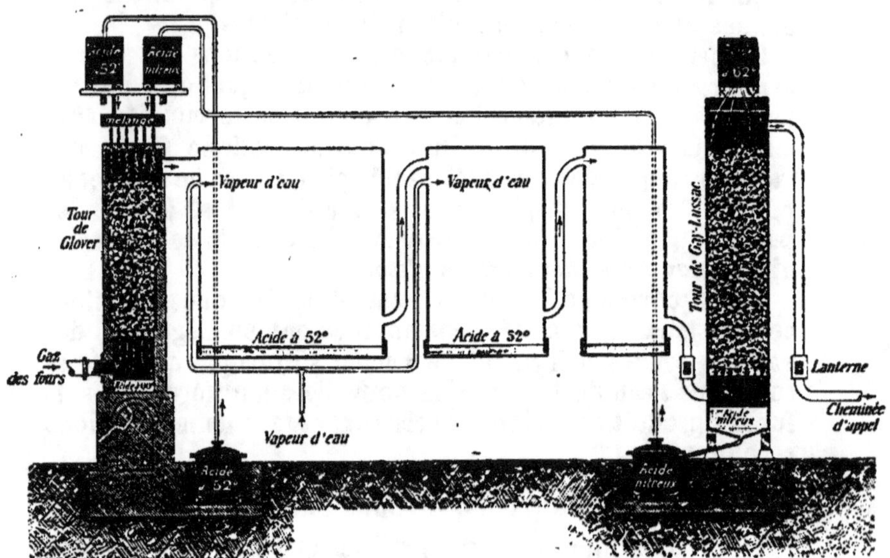

Fig. 57. — Fabrication industrielle de l'acide sulfurique.

bres de plomb où se font les réactions principales ; la troisième, plus petite, achève la condensation de l'acide sulfurique.

Pour ne pas perdre les vapeurs nitreuses avec les résidus de l'air qui a fourni l'oxygène, on fait passer les produits de la réaction dans une tour dite *tour de Gay-Lussac*, qui est remplie de coke sur lequel coule l'acide sulfurique déjà produit ; cet acide dissout les vapeurs nitreuses, et l'air s'échappe par une cheminée. L'acide chargé de produits nitreux est conduit dans une tour doublée de plomb et remplie de pierres siliceuses, dite *tour de Glover*, dans laquelle passe l'anhydride sulfureux pour se rendre aux chambres de plomb ; ce gaz, très chaud, enlève à l'acide les composés nitreux et une partie de l'eau, de sorte que l'acide sulfurique en arrivant au bas de la tour est plus pur et plus concentré, il marque 60° Baumé, tandis qu'au sortir des chambres, il marquait 52° à 55° B. La tour de Glover est donc un appareil de dénitration et de concentration.

L'acide sulfurique ainsi obtenu est toujours impur, il renferme surtout des vapeurs nitreuses, du sulfate de plomb provenant des chambres et des produits arsenicaux provenant des pyrites ; on peut précipiter le plomb et l'arsenic par un courant d'acide sulfhydrique qui les transforme en sulfures insolubles.

L'acide sulfurique préparé à l'aide du soufre est exempt d'arsenic ; de là son emploi pour la fabrication de l'acide pur et des produits pharmaceutiques.

Pour concentrer l'acide sulfurique, on l'évapore d'abord dans des chaudières en plomb, puis dans des cornues de platine ou de verre (114) : les vapeurs nitreuses et l'eau

en excès se dégagent, et on recueille ce qui reste dans les
cornues, quand la densité est 1,84.

Procédé de contact. — Actuellement, en Allemagne, on
emploie pour préparer l'acide sulfurique un procédé dit
« de contact »; *on oxyde directement le gaz sulfureux par
l'air, en présence de la mousse de platine ou de l'oxyde
ferrique* qui donne un rendement moindre mais joue le
même rôle et coûte bien moins cher; l'anhydride sulfurique produit est ensuite dissous dans l'eau. Ce procédé,
qui a l'avantage de ne demander que des appareils peu
coûteux, peu encombrants, tend à remplacer celui des
chambres de plomb, mais seulement pour la fabrication
de l'acide concentré.

118. **Usages**. — L'acide sulfurique est l'un des
corps les plus employés en chimie et dans l'industrie;
on en produit plus d'un milliard de kilogrammes par
an.

Il sert à préparer l'acide azotique, l'acide chlorhydrique
et la plupart des acides; le sulfate de sodium et par suite
la soude, le sulfate de cuivre, les aluns, les bougies stéa-
riques, les savons, le phosphore, les superphosphates,
engrais organiques, le sucre de fécule, le verre, la dynamite, la poudre sans fumée, certaines couleurs artificielles, etc. On l'emploie dans la distillerie des betteraves
et des mélasses, dans les piles, dans le décapage des
métaux, pour dissoudre l'indigo, pour dessécher les gaz,
pour purifier les pétroles, etc.

RÉSUMÉ DU CHAPITRE XI

L'anhydride sulfureux ou gaz sulfureux SO^2 a une odeur suffocante ; sa densité est 2,23 ; il est très soluble dans l'eau.

Il éteint les corps en combustion et ne brûle pas. Sous l'action de l'eau, il forme avec l'oxygène de l'acide sulfurique ; aussi réduit-il l'acide azotique et la plupart des matières colorantes.

Il est réduit par l'hydrogène, avec production d'acide sulfhydrique à la température ordinaire, en présence de l'eau.

On prépare le gaz sulfureux en brûlant du soufre ou des pyrites à l'air ; ou en décomposant l'acide sulfurique par le cuivre.

Le gaz sulfureux est employé pour préparer l'acide sulfurique, pour blanchir la laine, la soie, la pâte, les plumes, pour enlever les taches de fruits sur le linge, et comme antiseptique.

C'est parce qu'il se forme du gaz sulfureux qu'on jette du soufre sur le foyer pour éteindre les feux de cheminée. L'anhydride liquide sert à fabriquer de la glace.

L'acide sulfurique SO^4H^2, ou huile de vitriol, est un liquide incolore, oléagineux, marquant 66° Baumé. C'est un acide très énergique. L'hydrogène, le carbone, le soufre, le mercure, le cuivre le réduisent en dégageant du gaz sulfureux ; le fer, le zinc décomposent l'acide étendu en donnant de l'hydrogène. L'acide sulfurique se combine à l'eau en dégageant beaucoup de chaleur ; aussi agit-il sur les tissus organiques, la peau, le bois, qu'il carbonise. Il produit des brûlures très graves ; c'est un poison violent.

On le prépare en oxydant le gaz sulfureux en présence de la vapeur d'eau, par l'intermédiaire de l'acide azotique et des composés oxygénés de l'azote. Il se fait des cristaux des chambres de plomb $SO^4H.AzO$, qui au contact de l'eau forment de l'acide sulfurique et des produits nitreux.

Dans l'industrie, la fabrication se fait dans de grandes chambres de plomb, où le gaz sulfureux arrive après s'être chargé de produits nitreux dans la tour de Glover ; les gaz qui sortent des chambres de plomb perdent les vapeurs nitreuses entraînées, dans la tour de Gay-Lussac.

L'acide sulfurique est employé dans la plupart des industries (fabrication de la soude, des bougies, décapage des métaux, distillerie de betteraves et de mélasse, etc.), et dans la préparation des acides, des sulfates et d'une quantité de corps.

CHAPITRE XII

COMPOSÉS DE L'AZOTE

Ammoniaque.

Formule : AzH^3. — Poids moléculaire : 17.

119. État naturel. — L'azote forme avec l'hydrogène un composé, l'ammoniaque, qui se produit dans la putréfaction des matières organiques azotées : ainsi les urines putréfiées, le fumier de ferme en produisent, et ce gaz se transforme, dans l'air, en carbonate et azotate d'ammonium. On trouve donc toujours de l'ammoniaque dans l'air (1 à 2 milligr. par mètre cube) et en proportion un peu plus grande à mesure qu'on s'élève. Elle se dissout dans l'eau de pluie, et elle revient ainsi dans le sol où elle sert au développement des plantes. On en trouve encore dans les eaux d'épuration du gaz d'éclairage ; et dans le sol, à l'état de sels ammoniacaux.

120. Propriétés physiques. — Le gaz ammoniac est incolore ; il a une odeur piquante qui provoque les larmes, une saveur âcre et brûlante. Sa densité est 0,59.

Le gaz ammoniac est très soluble dans l'eau, qui en dissout à 0° plus de 1000 fois son volume. On peut montrer cette grande solubilité en remplissant de gaz ammoniac très pur une éprouvette que l'on place sur une soucoupe contenant un peu de mercure, et que l'on transporte dans une terrine renfermant de l'eau ; si on soulève l'éprouvette, l'eau y pénètre, dissout instantanément le gaz, et frappe avec tant de violence le haut de l'éprouvette qu'il est le plus souvent brisé ; aussi faut-il tenir l'éprouvette avec un linge épais. S'il reste un peu d'air dans l'éprouvette, cet air amortit le choc et empêche la rupture. On peut aussi faire l'expérience du jet d'eau dans le gaz ammoniac, comme on l'avait fait pour l'acide chlorhydrique (90) ; mais on colore l'eau par du tournesol rougi, et l'on constate qu'il redevient bleu, ce qui montre les propriétés basiques de la solution ammoniacale. Un morceau de glace introduit dans une éprouvette de gaz ammoniac absorbe le gaz et fond rapidement, ce qui prouve que la dissolution est accompagnée d'un dégagement de chaleur. La solubilité du gaz ammoniac diminue à mesure que la température s'élève ; aussi lorsqu'on chauffe la dissolution ammoniacale à 70°, tout le gaz se dégage ; il en est de même si on l'expose à l'air, ou si on fait le vide au-dessus.

La dissolution ammoniacale, ayant toutes les propriétés du gaz, s'emploie d'habitude à sa place, sous le nom d'*ammoniaque liquide* ou *alcali volatil*.

Le gaz ammoniac se transforme à — 33° sous la pression ordinaire en un liquide incolore, mobile, qui se solidifie à — 75°, en une masse cristalline transparente.

121. Propriétés chimiques. — Le gaz ammoniac est décomposé par une série d'étincelles électriques ou par la chaleur, au rouge, en azote et hydrogène ; mais cette décomposition, que l'on emploie pour faire l'analyse du gaz, est limitée par la réaction inverse.

Le *chlore* décompose le gaz ammoniac en mettant l'azote en liberté, et donnant des vapeurs blanches de chlorure d'ammonium (86) :

$$4AzH^3 + 3Cl = Az + 3AzH^4Cl.$$

La même réaction se produit à froid, entre les dissolutions de chlore et d'ammoniaque.

L'oxygène n'a pas d'action sur l'ammoniague à la température ordinaire ; mais le gaz ammoniac, qui ne brûle pas à l'air, s'enflamme au contact d'un corps incandescent, quand on le fait arriver par un tube effilé dans un flacon d'oxygène (*fig.* 58).

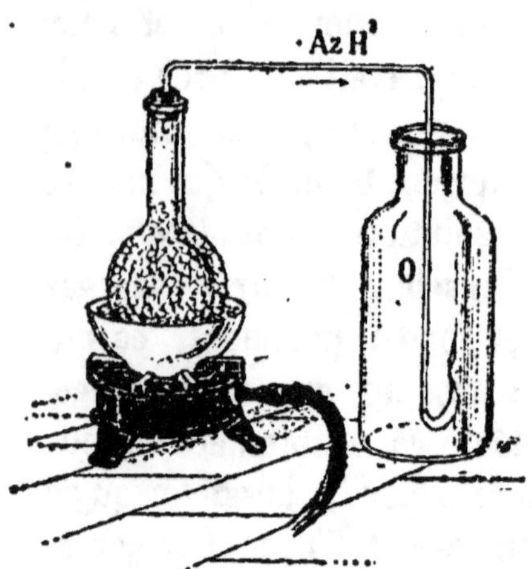

Fig. 58. — Combustion du gaz ammoniac dans l'oxygène.

$$2AzH^3 + 3O = 3H^2O + 2Az.$$

Si on mélange les deux gaz dans les proportions indiquées par la formule : 4 vol. AzH^3 pour 3 vol. O, le mélange détone sous l'action d'une bougie allumée ou d'une étincelle électrique.

En faisant passer un mélange de gaz ammoniac et d'oxygène sur de la mousse de platine légèrement chauffée, on obtient de l'eau et de l'acide azotique :

$$AzH^3 + 4O = AzO^3H + H^2O.$$

Cette réaction, qui se produit aussi en présence des corps poreux et sous l'influence d'un ferment spécial, explique la production du salpêtre par la transformation de l'ammoniaque provenant des décompositions organiques, dans les étables, les écuries, etc.

La solution ammoniacale est une base puissante, d'où son nom d'alcali volatil ; elle ramène au bleu la teinture de tournesol rougie par un acide ; elle précipite de leurs dissolutions les hydrates métalliques insolubles et forme avec les acides des sels comparables aux sels alcalins.

L'hydrate $AzH^3 + H^2O$ est donc analogue à la potasse KOH, et peut être regardé comme l'hydrate $AzH^4.OH$ d'un adical AzH⁴, l'*ammonium*, jouant le rôle d'un métal alcalin ; les sels ammoniacaux deviennent alors des sels d'ammonium, analogues à ceux de potassium ou de sodium ; ainsi le sulfate neutre $SO^4(AzH^4)^2$ est comparable à SO^4K^2, le chlorure AzH^4Cl à KCl, etc.

122. Action physiologique. — Le gaz ammoniac peut provoquer des ophtalmies dangereuses.

L'ammoniaque est un caustique énergique ; elle attaque la peau en produisant une sensation de brûlure, puis une cautérisation. Absorbée à très petite dose, elle stimule le système nerveux ; à plus haute dose, elle est un poison violent, et détermine l'inflammation des muqueuses.

123. Préparation. — Dans les laboratoires, on extrait le gaz ammoniac d'un sel blanc, cristallisé, connu depuis la plus haute antiquité sous le nom de *sel ammoniac* (d'où le nom du gaz), et qui est du chlorure d'ammonium AzH^4Cl.

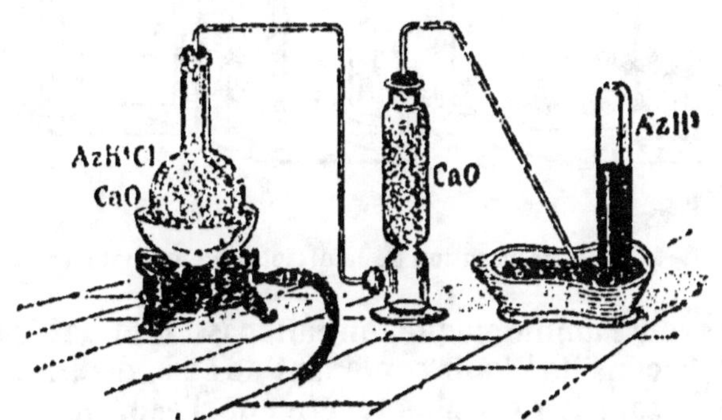

Fig. 59. — Préparation du gaz ammoniac.

On décompose le sel ammoniac par la chaux ; le mélange, chauffé dans un ballon (*fig.* 59), forme du chlorure de calcium $CaCl^2$, de l'eau qui est absorbée par la chaux vive qui achève de remplir le ballon, et du gaz ammoniac :

$$2AzH^4Cl + CaO = CaCl^2 + H^2O + 2AzH^3.$$

Le gaz est desséché dans une éprouvette contenant de la chaux vive, et recueilli sur le mercure ou par déplacement dans des flacons secs.

On remplace souvent, dans l'industrie, le sel ammoniac par le sulfate d'ammonium provenant des eaux ammoniacales recueillies dans les usines à gaz, ou du traitement des eaux vannes des vidanges qui contiennent de l'ammoniac dû à la fermentation de l'urée ; il se fait alors du sulfate de calcium, de l'eau et du gaz ammoniac :

$$SO^4(AzH^4)^2 + CaO = SO^4Ca + H^2O + 2AzH^3.$$

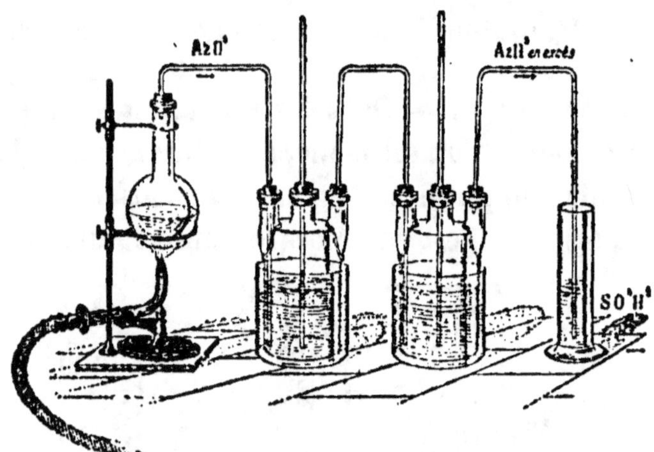

Fig. 60. — Préparation de la dissolution ammoniacale.

Pour avoir l'ammoniaque, on fait passer le gaz dans une série de flacons de Woolf contenant de l'eau distillée (*fig.* 60). Comme la solution est plus légère que l'eau, les tubes qui amènent le gaz doivent plonger jusqu'au fond ; de plus, on ne remplit les flacons qu'à moitié, parce que le volume du liquide augmente ; et on les refroidit, à cause du dégagement de chaleur qui se produit, et qui en élevant la température de l'eau diminuerait la solubilité du gaz.

124. Usages. — L'ammoniaque est employée comme réactif dans les laboratoires ; dans l'industrie, elle sert dans la préparation des sels ammoniacaux, de la soude,

des engrais chimiques très employés en agriculture; elle sert de dissolvant pour le carmin et pour extraire la matière colorante (orseille) de certains lichens; on l'emploie dans le dégraissage des étoffes.

Ses propriétés caustiques la font employer pour cautériser les piqûres d'insectes et les morsures de vipères. Étendue d'eau, à très petite dose, elle dissipe l'ivresse; elle entre dans la composition de l'eau sédative.

On l'utilise contre la *météorisation* des bestiaux, due à l'absorption d'une trop grande quantité de fourrage frais, ce qui produit du gaz carbonique et de l'acide sulfhydrique qui gonflent l'appareil digestif des animaux ; l'ammoniaque se combine avec ces gaz et fait disparaître le gonflement.

On applique depuis quelques années le froid produit par l'évaporation rapide de l'ammoniaque liquéfiée, à la production industrielle de la glace (appareil Carré).

Composés oxygénés de l'azote.

125. L'azote forme avec l'oxygène six composés :

le protoxyde d'azote ou oxyde azoteux . .	Az^2O
le bioxyde d'azote ou oxyde azotique . . .	$Az\ O$
l'anhydride azoteux	Az^2O^3
le peroxyde d'azote	$Az\ O^3$
l'anhydride azotique	Az^2O^5
et l'anhydride perazotique	$Az\ O^5$

Tous ces corps se décomposent en leurs éléments avec dégagement de chaleur, et leur formation serait accompagnée d'une absorption de chaleur égale. On ne peut donc les obtenir par union directe des éléments ; ils sont facilement décomposables et peuvent servir d'oxydants. Le plus stable est le peroxyde d'azote, qui ne se décompose qu'au rouge.

126. L'oxyde azoteux ou *protoxyde d'azote* $Az^2O = 44$, est un gaz incolore, inodore, d'une saveur légèrement sucrée.

Il est décomposé par la chaleur en un mélange de 2 vol. d'azote et un vol. d'oxygène, plus riche en oxygène que l'air atmosphérique. Les corps combustibles, portés à une température suffisante pour le décomposer, brûleront donc dans l'oxyde azoteux avec plus d'éclat que dans l'air, et d'autant plus que cet oxyde en se décomposant dégage de la chaleur · ainsi le *charbon*, le *soufre*, le *phosphore* enflammés, y brûlent avec éclat, et une allumette présentant quelques points rouges s'y rallume ; mais il n'entretient pas les combustions lentes, ni la respiration, ce qui le distingue de l'oxygène.

L'oxyde azoteux est employé comme *anesthésique* : respiré en petite quantité il produit une sorte d'ivresse (d'où le nom de *gaz hilarant* que lui avait donné Davy), puis une insensibilité momentanée. On s'en sert pour les opérations chirurgicales de peu de durée, mais il faut qu'il soit bien pur, et on y mélange un peu d'oxygène, puisqu'il ne peut entretenir la respiration.

127. L'oxyde azotique ou *bioxyde d'azote* $AzO = 30$, est un gaz incolore, dont on ne peut connaître ni l'odeur, ni la saveur parce qu'à l'air il donne des vapeurs rouges en se transformant en peroxyde d'azote AzO^2.

Les combustibles qui dégagent en brûlant assez de chaleur pour le décomposer, comme le *phosphore*, y brûlent avec éclat parce que le mélange provenant de sa décomposition renferme volumes égaux d'azote et d'oxygène ; mais il faut pour le décomposer une température plus élevée que pour l'oxyde azoteux, aussi le soufre et le charbon s'y éteignent s'ils ne sont d'abord très fortement chauffés.

On prépare le bioxyde d'azote en décomposant l'acide azotique par le cuivre dans un appareil à hydrogène, et recueillant le gaz sur la cuve à eau :

$$8AzO^3H + 3Cu = 3(AzO^3)^2Cu + 2AzO + 4H^2O.$$

Le flacon se remplit d'abord de vapeurs rouges, par suite de la transformation du bioxyde en peroxyde au contact de l'air du flacon.

Cette transformation est utilisée dans la préparation industrielle de l'acide sulfurique.

Le bioxyde d'azote peut jouer le rôle d'un corps simple, c'est ce qu'on appelle un radical, le *nitrosyle* ; en présence du gaz sulfureux, de l'air et de l'eau, il donne par union directe du sulfate acide de nitrosyle $SO^4H.AzO$, qui constitue les *cristaux des chambres de plomb* (117).

128. L'anhydride azoteux $Az^2O^3 = 76$ est un liquide bleu qui bout à 0° et se dissout dans l'eau froide. Il donne alors l'*acide azoteux* AzO^2H, qui n'est bien défini que par ses sels, dont quelques-uns sont cristallisés.

Le plus important de ces sels est l'azotite de sodium, que l'on emploie en grande quantité pour la fabrication des matières colorantes artificielles dites azoïques.

129. Le peroxyde d'azote, *hypoazotide* ou *azotyle* est un liquide incolore à basse température, qui se solidifie à — 12°, et commence à se colorer en rouge à 0° à cause des vapeurs rouges qu'il produit ; il bout à 22°. Il ne peut être conservé qu'en tube scellé.

Au contact de l'*eau* à 0°, il se décompose en acide azoteux et acide azotique :

$$2AzO^2 + H^2O = AzO^3H + AzO^2H ;$$

c'est pourquoi il rougit la teinture de tournesol et avait été appelé *acide hypoazotique*, bien qu'il ne forme pas de sels.

En présence des *bases*, à cause du dédoublement en acide azotique et acide azoteux, il donne deux sels, un azotate et un azotite :

$$2AzO^2 + 2KOH = AzO^3K + AzO^2K + H^2O.$$

peroxyde   potasse   azotate   azotite
d'azote   de potassium   de potassium

C'est le plus stable des composés oxygénés de l'azote.

Ce peroxyde mélangé à de la benzine ou à du sulfure de carbone donne l'explosif puissant connu sous le nom de *panclastite*.

130. L'anhydride azotique Az^2O^5 est un corps blanc, cristallisé, qui n'a aucune utilité pratique, mais dont l'hydrate : $Az^2O^5 + H^2O = 2AzO^3H$ est l'acide azotique, le plus important des composés de l'azote.

Acide azotique.

Formule : AzO^3H. — Poids moléculaire : 63.

131. État naturel. — L'acide azotique ou acide nitrique,

connu dès le viii⁰ siècle, existe surtout dans la nature à l'état d'azotates.

On trouve de l'azotate d'ammonium dans les pluies d'orage ; le plus répandu est le *nitre* ou *salpêtre*, qui forme des efflorescences blanches sur le sol dans les pays chauds, et sur les murs des écuries, des caves, dans nos climats : c'est de l'azotate de potassium AzO^3K ; le *salpêtre du Chili*, que l'on trouve dans le sol en masses compactes au Chili et au Pérou, est de l'azotate de sodium AzO^3Na.

132. **Propriétés physiques.** — L'acide azotique pur est un liquide incolore, de densité 1,52, qui bout à 86° et se solidifie à —47° ; il contient 14 °/₀ d'eau. Il est généralement coloré en jaune par des traces de peroxyde d'azote. Il répand des vapeurs qui absorbent l'humidité de l'air en formant des fumées blanches d'un acide plus hydraté ; de là le nom d'*acide fumant* qu'on lui donne encore.

Quand on le distille, il se décompose en partie en peroxyde d'azote et oxygène qui se dégagent, et en eau qui reste unie à l'acide restant dans la cornue ; il se fait ainsi un nouvel hydrate correspondant à la formule $Az^2O^5 + 4H^2O$ ou $2(AzO^3H) + 3H^2O$, qui ne bout plus qu'à 123° et dont la densité est 1,42 : c'est l'acide azotique du commerce ou *acide quadrihydraté*, qui contient 30 °/₀ d'eau.

133. **Propriétés chimiques.** — L'acide azotique est un acide énergique, mais assez instable. La chaleur le décompose à 300° en peroxyde d'azote, oxygène et eau ; la lumière a la même action et le colore en jaune.

Il peut donc fournir facilement de l'oxygène : c'est un *oxydant* puissant.

Tous les *métalloïdes*, sauf le chlore, le brome, l'azote et l'oxygène, le décomposent et forment des acides ou des oxydes ; ainsi avec le soufre, il donne de l'acide sulfurique :

$$+ 2AzO^3H = SO^4H^2 + 2AzO$$

l'acide fumant versé sur du noir de fumée bien sec le transforme en gaz carbonique avec incandescence; avec le phosphore il se fait de l'acide phosphorique, et la réaction est dangereuse (140).

L'acide azotique peut oxyder aussi des composés : il transforme le *gaz sulfureux* en acide sulfurique, les *sels ferreux* en sels ferriques, etc.

L'hydrogène réduit complètement l'acide azotique au rouge :

$$AzO^3H + 5H = Az + 3H^2O;$$

si l'on fait passer sur de la mousse de platine légèrement chauffée un mélange d'hydrogène et de vapeurs d'acide azotique, l'hydrogène se combine aussi avec l'azote et il se fait de l'ammoniaque :

$$AzO^3H + 8H = AzH^3 + 3H^2O.$$

C'est surtout l'action de l'acide azotique sur les *métaux* qui est importante; elle dépend de la concentration de l'acide.

L'acide *concentré* n'attaque que les métaux très oxydables comme le potassium, le sodium, le zinc; mais la réaction est très vive et peut être dangereuse; l'hydrogène, déplacé par le métal, réduit l'acide restant et dégage des vapeurs nitreuses et même de l'azote.

Les autres métaux ne sont pas attaqués par l'acide concentré parce que les azotates formés sont peu solubles dans cet acide et protègent le métal.

Le fer, non seulement n'est pas attaqué, mais devient *passif*, c'est-à-dire qu'après avoir été plongé dans l'acide concentré il n'est plus attaqué par l'acide étendu; on admet que cela est dû à la formation sur le fer d'une pellicule d'un oxyde insoluble dans l'acide; la passivité cesse dès qu'on touche le fer avec une lame de cuivre, et le fer, attaque alors l'acide étendu avec une grande énergie.

L'acide *étendu* attaque tous les métaux usuels, sauf l'or et le platine, de là le nom d'*eau-forte* qu'on lui donne encore ; il se fait de l'eau, de l'azotate du métal et du bioxyde d'azote, qui, en arrivant à l'air se transforme en vapeurs rouges de peroxyde d'azote :

$$8AzO^3H + 3Cu = 3(AzO^3)^2Cu + 2AzO + 4H^2O.$$

L'étain forme un oxyde acide au lieu de donner un azotate.

L'acide azotique agit comme oxydant sur un grand nombre de *matières organiques* ; il brûle les crins, il enflamme l'essence de térébenthine ; il jaunit la peau, la soie, la laine, les plumes et les détruit si son action est prolongée ; sur les étoffes il fait des taches rouges bientôt suivies d'un trou. Il décolore l'indigo.

Il peut aussi remplacer, dans un composé organique, un ou plusieurs atomes d'hydrogène par autant de groupes AzO^2 ; c'est ainsi qu'il transforme l'acide phénique en acide picrique, la benzine en nitrobenzine ; la glycérine en nitroglycérine, qui est la base de la dynamite ; le coton, en coton-poudre, qui brûle très rapidement sans résidu et sert d'explosif.

134. Action physiologique. — L'acide azotique colore la peau en jaune, et peut causer des brûlures graves s'il est concentré; étendu d'eau, on l'applique sur les verrues pour les détruire peu à peu. C'est un poison violent qui, introduit dans le tube digestif, corrode les muqueuses et amène rapidement la mort.

135. Préparation. — *On prépare l'acide azotique en décomposant l'azotate de sodium ou l'azotate de potassium par l'acide sulfurique concentré.* On introduit le sel dans une cornue de verre, avec de l'acide sulfurique; on chauffe légèrement (*fig.* 61), il se fait du sulfate acide de sodium (ou de potassium) et l'acide azotique distille et vient se condenser dans un ballon refroidi :

$$AzO^3Na + SO^4H^2 = AzO^3H + SO^4HNa.$$

Pour utiliser complètement l'acide sulfurique et obtenir

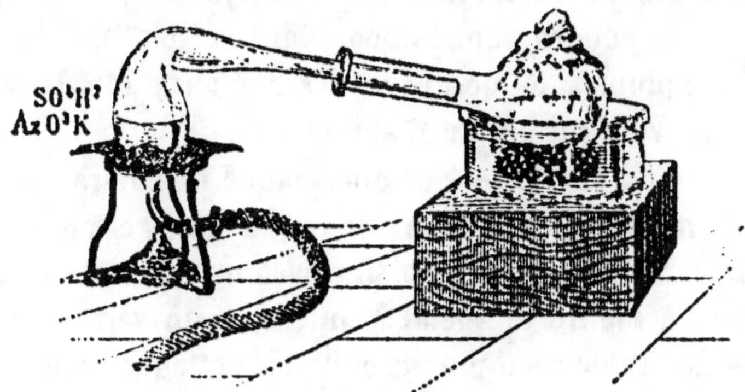

Fig. 61. — Préparation de l'acide azotique.

du sulfate neutre SO^4Na^2, il faudrait chauffer à une température à laquelle l'acide azotique se décompose. Dans l'industrie, on chauffe le nitrate de sodium dans de grandes

Fig. 62. — Préparation industrielle de l'acide azotique.

cornues de fonte (*fig.* 62), et on recueille l'acide azotique dans des bonbonnes de grès placées les unes à la suite des autres.

436. Usages. — L'acide azotique est très employé dans l'industrie : dans la préparation de l'acide sulfurique, de l'acide oxalique, des azotates, de la nitrobenzine, du celluloïd, de matières colorantes comme l'acide picrique, de matières explosives comme la nitroglycérine, le coton-poudre et la poudre sans fumée, dans la teinture de la laine, des plumes, le décapage des métaux, etc. Il sert dans la gravure sur cuivre et sur acier.

Gravure sur cuivre. — Sur une plaque de cuivre recouverte d'une mince couche de cire ou de vernis et entourée d'un bourrelet de cire, on dessine avec une pointe aiguë, de façon à mettre le métal à nu ; puis on verse sur la plaque de l'acide azotique : le cuivre est attaqué dans tous les points où la cire a été enlevée, et le dessin se trouve reproduit en creux. Quand le métal est assez creusé, on lave à l'eau et on enlève par un dissolvant (benzine, sulfure de carbone, etc.) la cire ou le vernis ; on obtient ainsi une plaque gravée à l'eau-forte qui peut servir à tirer des épreuves sur papier.

437. Eau régale. — L'acide azotique, mélangé à l'acide chlorhydrique, constitue l'eau régale, qui dissout tous les métaux, en particulier l'or et le platine qu'aucun autre liquide n'attaque. Si l'on chauffe dans un ballon de l'acide chlorhydrique avec une feuille d'or, et dans un autre de l'acide azotique avec une feuille d'or, rien ne se produit ; mais l'or disparaît dès qu'on verse le contenu de l'un des ballons dans l'autre. L'action de l'eau régale est attribuée au chlore qui se produit par le mélange des deux acides :

$$AzO^3H + HCl = AzO^2 + H^2O + Cl,$$

et le métal est transformé en chlorure qui peut se déposer par évaporation.

RÉSUMÉ DU CHAPITRE XII

Le *gaz ammoniac* AzH^3 a une odeur piquante qui provoque les larmes; il est très léger et très soluble dans l'eau. Sa dissolution est l'*ammoniaque* ou alcali volatil.

Le gaz ammoniac s'enflamme dans le chlore et peut brûler dans l'oxygène.

L'ammoniaque est une base puissante qui précipite les hydrates métalliques de leurs dissolutions, et s'unit aux acides en formant des sels comparables aux sels alcalins.

L'ammoniaque est un caustique énergique et un poison violent. On prépare le gaz ammoniac en décomposant le sel ammoniac (chlorure d'ammonium) par la chaux vive; on recueille le gaz sur le mercure ou par déplacement.

On emploie l'ammoniaque pour la préparation des sels ammoniacaux, de la soude, et pour cautériser les piqûres d'insectes et les morsures de vipères.

L'*acide azotique* AzO^3H pur est un liquide incolore, qui répand à l'air des fumées blanches. Il est souvent coloré en jaune par des vapeurs nitreuses. L'acide ordinaire contient plus d'eau et il est plus stable que l'acide fumant.

L'acide azotique est un acide énergique, mais instable, c'est un oxydant puissant : il oxyde le soufre, le carbone, le phosphore, le gaz sulfureux, l'hydrogène et presque tous les métaux.

Il attaque la plupart des matières organiques; il enflamme l'essence de térébenthine, colore la peau, la laine, la soie en jaune, décolore l'indigo.

C'est un caustique énergique et un poison violent.

On prépare l'acide azotique en chauffant l'azotate de potassium ou plutôt l'azotate de sodium avec l'acide sulfurique concentré.

L'acide azotique sert dans la fabrication de l'acide sulfurique, de la nitroglycérine, du coton-poudre, dans la teinture de la laine, le décapage des métaux, la gravure sur cuivre, etc.

L'*eau régale* est un mélange d'acide azotique et d'acide chlorhydrique; elle dissout l'or, le platine et tous les métaux.

CHAPITRE XIII

PHOSPHORE
Symbole : P ou Ph. — Poids atomique : 31.

138. **État naturel. Historique.** — Le phosphore n'existe pas à l'état libre dans la nature, mais on le trouve à l'état de phosphate de calcium dans les os des animaux, et il existe aussi dans la substance nerveuse, dans l'urine, le lait, le sang ; il est introduit dans le corps par l'eau et les aliments. Les os des mammifères, des oiseaux et surtout des reptiles gigantesques de l'époque secondaire, ont formé dans le sol des dépôts importants de phosphates de calcium, que l'on exploite comme engrais.

C'est de l'urine que Brandt, alchimiste de Hambourg, retira pour la première fois le phosphore, en 1669 ; et Scheele parvint, en 1769, à l'extraire des os par un procédé que l'on emploie encore aujourd'hui.

139. **Propriétés physiques.** — Le phosphore est un corps solide, incolore ou légèrement ambré, translucide, d'une odeur rappelant celle de l'ail ; il est flexible et assez mou pour être rayé par l'ongle.

Sa densité est 1,84.

Il fond à 44° et bout à 290° ; il est insoluble dans l'eau, mais très soluble dans le sulfure de carbone et la benzine, et il se dépose en cristaux quand on évapore sa dissolution.

Conservé sous l'eau, il se recouvre d'une poussière blanche formée par des cristaux microscopiques, et devient opaque par suite de la cristallisation.

140. **Propriétés chimiques.** — Le phosphore répand dans l'obscurité des lueurs violacées qui lui ont fait donner son

nom (du grec *phôs*, lumière, *phors*, qui porte) ; ces lueurs sont dues à la combustion lente du phosphore dans l'*oxygène*, et sont accompagnées d'un dégagement de fumées blanches. La phosphorescence ne se produit pas dans l'oxygène pur à la pression atmosphérique ; elle n'a lieu que si l'oxygène a une tension au plus égale à celle qu'il a dans l'air.

Dans l'*air humide*, le phosphore forme un mélange d'acide phosphoreux PO^3H^3, et d'acide hypophosphorique $P^2O^6H^4$; il se fait en même temps de l'ozone.

A 60° le phosphore s'enflamme dans l'oxygène ou l'*air sec* ; il brûle avec éclat en formant une neige blanche d'anhydride phosphorique P^2O^5.

Il peut même s'enflammer à la température ordinaire, s'il est très divisé : ainsi une solution de phosphore dans le sulfure de carbone, versée sur du papier buvard, s'évapore en laissant du phosphore en parcelles très fines qui s'enflamment spontanément.

Par suite de la facilité avec laquelle le phosphore s'oxyde, le conserve dans l'eau bouillie ; et il ne faut le manier que sous l'eau, car à l'air l'oxydation lente dégageant de la chaleur, il peut s'enflammer spontanément ; les brûlures qu'il produit sont très graves, à cause de l'anhydride phosphorique très avide d'eau qui se forme et qui désorganise les tissus ; on doit les traiter par un mélange d'huile ordinaire et de lait de chaux, ou par de l'eau dans laquelle on a délayé de la magnésie. Le phosphore peut brûler même sous l'eau quand il est fondu et qu'on fait arriver sur lui un courant d'oxygène.

Le phosphore s'unit encore à la plupart des métalloïdes et des métaux : dans le *chlore*, il s'enflamme spontanément et forme des chlorures PCl^3 ou PCl^5 ; il agit de même avec le *brome* et l'*iode*; il se combine violemment au *soufre* vers 110°; et il attaque à chaud les *métaux*, même le platine, en donnant des phosphures. L'*acide azotique* concentré est attaqué, avec explosion, par le phosphore; si l'acide est étendu, l'attaque est lente, il se fait de l'acide phosphorique PO^4H^3 et de l'oxyde azotique :

$$3P + 5AzO^3H + 2H^2O = 3PO^4H^3 + 5AzO.$$

Le phosphore chauffé avec une dissolution de *potasse* ou de *soude*, forme un hypophosphite alcalin et de l'hydrogène phosphoré PH^3, gaz incolore, d'une odeur d'ail, analogue comme composition et comme propriétés chimiques au gaz ammoniac :

$$4P + 3KOH + 3H^2O$$
$$= 3PO^2H^2K + PH^3.$$

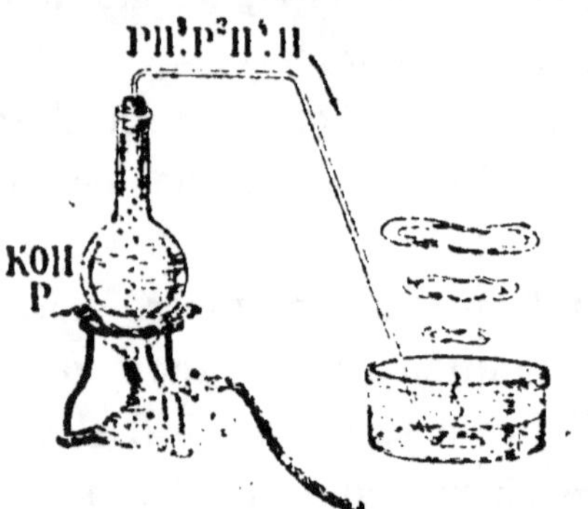

Fig. 63. — Préparation de l'hydrogène phosphoré.

Ce gaz, en arrivant à l'air, s'enflamme spontanément en produisant des couronnes blanches d'acide phosphorique (*fig.* 63), parce qu'il est mélangé d'un autre phosphure liquide P^2H^4, et d'hydrogène; quand il est pur, il ne s'enflamme qu'à 100°.

141. Action physiologique. — Le phosphore est très vénéneux; ses vapeurs déterminent, chez les ouvriers qui le travaillent habituellement, des maux de tête et la carie des os de la mâchoire et du nez. Introduit dans l'estomac, le phosphore provoque des vomissements, des douleurs violentes, des convulsions, et peut amener la mort en quelques heures.

Le seul contrepoison connu est l'essence de térébenthine, qui lui enlève la propriété de s'unir à l'oxygène du sang.

142. Phosphore rouge. — Le phosphore ordinaire conservé sous l'eau à la lumière se recouvre peu à peu d'une couche rougeâtre; chauffé en vase clos à 250° pendant plusieurs heures, il se transforme de même en un corps rouge; ce corps, qui a les propriétés chimiques du phosphore, en est une modification allotropique, qu'on a nommée phosphore rouge ou *phosphore amorphe*.

Le phosphore rouge est un corps solide, pulvérulent, rouge foncé, de densité 1,96 à 2,34, insoluble dans le sulfure de carbone et les solutions alcalines, et non vénéneux. Il n'est pas fusible, et se transforme à 260° en vapeurs qui se condensent en phosphore ordinaire.

Il n'est pas phosphorescent, car il ne s'oxyde pas à la température ordinaire, et ne s'enflamme qu'à 260°; on peut donc le conserver à l'air et le manier sans danger.

Il donne lieu aux mêmes réactions que le phosphore ordinaire, mais plus lentement et en dégageant moins de chaleur.

143. Usages. — La principale application des deux variétés de phosphore est la fabrication des *allumettes chimiques*.

Les allumettes ordinaires sont faites avec de petits bâtons de peuplier ou de tremble bien secs; on plonge une de leurs extrémités dans du soufre fondu, sur une longueur de plusieurs millimètres; et, lorsque le soufre est solidifié, dans une pâte composée de gomme, de sable fin, de matière colorante avec du phosphore et du salpêtre, ou plus souvent maintenant du sulfure de phosphore et du chlorate de potassium, qui sont moins dangereux pour les ouvriers.

Il suffit de frotter ces allumettes contre un corps dur pour enflammer le phosphore; celui-ci ne dégage pas assez de chaleur pour enflammer le bois, mais le soufre interposé, en brûlant, enflamme le bois

On remplace quelquefois le soufre, qui dégage du gaz sulfureux d'une odeur suffocante, par de l'acide stéarique ; on ajoute alors à la pâte un peu de chlorate de potassium pour faciliter la combustion.

Les allumettes ordinaires s'enflamment trop facilement, sont vénéneuses, et leur préparation est très dangereuse pour les ouvriers ; aussi les remplace-t-on souvent par les allumettes *à phosphore rouge* ou *allumettes suédoises*, qui portent une pâte formée de colle forte, de sulfure d'antimoine et de chlorate de potassium ; la pâte phosphorée est étendue sur une des faces de la boîte qui les contient, et ces allumettes ne s'enflamment que sur ce frottoir ; le frottement détache alors une parcelle de phosphore qui, mélangé au chlorate de potassium et au sulfure d'antimoine, prend feu et enflamme le bois.

On cherche aujourd'hui à supprimer absolument le phosphore dans la fabrication des allumettes.

Anhydride et acides phosphoriques.

144. Le phosphore donne avec l'oxygène plusieurs composés dont le plus important est l'*anhydride phosphorique* P^2O^5, qui se produit quand le phosphore brûle dans l'oxygène ou l'air secs, et se présente en flocons blancs, légers ; il est très avide d'eau, et fait entendre quand on le projette dans l'eau un bruit analogue à celui que produirait un fer rouge : aussi l'emploie-t-on pour dessécher les gaz.

L'anhydride phosphorique forme en s'unissant avec l'eau, trois acides :

l'*acide métaphosphorique* PO^3H :

$$P^2O^5 + H^2O = 2PO^3H ;$$

l'*acide pyrophosphorique* $P^2O^7H^4$:

$$P^2O^5 + 2H^2O = P^2O^7H^4 ;$$

et l'*acide orthophosphorique* ou acide phosphorique ordinaire PO^4H^3, le plus important :

$$P^2O^5 + 3H^2O = 2PO^4H^3.$$

L'acide orthophosphorique est obtenu par l'action du

phosphore sur l'acide azotique (140) (*fig.* 64); il forme des cristaux incolores, très solubles dans l'eau et déliquescents. Chauffé vers 215°, il perd une molécule d'eau sur 2 molécules d'acide, et donne l'acide pyrophosphorique $P^2O^7H^4$:

$$2PO^4H^3 = H^2O + P^2O^7H^4.$$

Au rouge sombre, il perd une molécule d'eau, et forme une masse vitreuse, l'acide métaphosphorique PO^3H, auquel on ne peut plus enlever d'eau par la chaleur :

$$PO^4H^3 = H^2O + PO^3H.$$

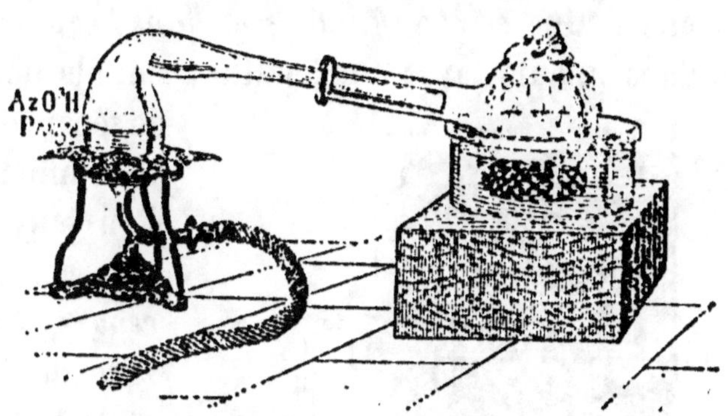

Fig. 64. — Préparation de l'acide phosphorique ordinaire.

L'acide orthophosphorique rougit fortement le tournesol; avec les bases, il forme des phosphates qui peuvent être biacides, monoacides ou neutres suivant que 1, 2 ou 3 H ont été remplacés par un métal; c'est donc un triacide. Ainsi avec le sodium, qui remplace l'hydrogène atome à atome, et le calcium, dont un atome remplace 2 atomes d'hydrogène, on aura les phosphates suivants :

PO^4H^2Na, $(PO^4H^2)^2Ca$,   sels biacides ;
PO^4HNa^2, $(PO^4H)^3Ca^2$,   sels monoacides ;
PO^4Na^3, $(PO^4)^2Ca^3$,   sels neutres.

Le phosphate tricalcique $(PO^4)^2Ca^3$ constitue la majeure partie des os et les phosphates naturels, que l'on emploie comme engrais ou pour la préparation du phosphore.

145. Préparation industrielle du phosphore. — Le phosphore s'extrait soit des os, qui sont formés d'une *substance organique*, l'osséine, et d'une *partie minérale* contenant 80 °/₀ de phosphate tricalcique et 20 °/₀ de carbonate de calcium et différents sels ; soit du phosphate de calcium que l'on trouve en quantité considérable dans le sol, sous forme de rognons ou *nodules*, ou en masses cristallines (*apatites, phosphorites*).

1° Pour l'extraire des os, on peut séparer la substance organique de la partie minérale par la calcination des os à l'air, qui détruit l'osséine ; ou bien l'on transforme l'osséine en gélatine *en chauffant les os dans l'eau sous pression*, dans un autoclave ; la gélatine, soluble dans l'eau, se sépare de la matière minérale que l'on pulvérise, et qui constitue la *cendre d'os*, mélange de phosphate et de carbonate de calcium. Avec cette poudre on prépare d'abord de *l'acide phosphorique*, en *la traitant par une quantité suffisante d'acide sulfurique étendu* ; il se dégage du gaz carbonique et il se fait du sulfate de calcium presque insoluble qui se dépose, et de l'acide phosphorique qui reste dissous :

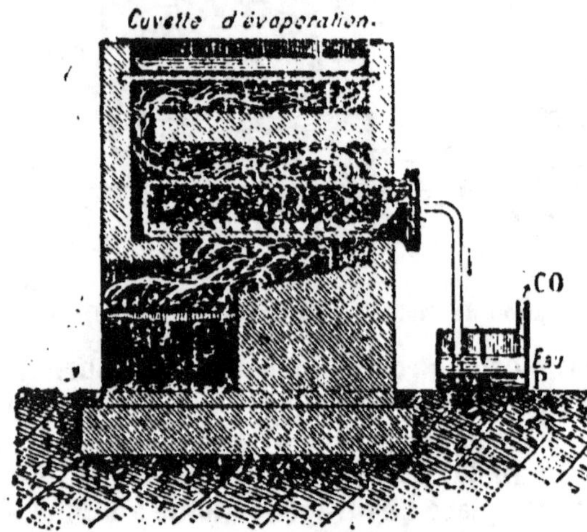

Fig. 65. — **Réduction de l'acide phosphorique par le charbon.**

$$(PO^4)^2 Ca^3 + 3SO^4H^2 = 3SO^4Ca + 2PO^4H^3.$$

La dissolution d'acide phosphorique est évaporée jusqu'à ce qu'elle marque 60° à l'aréomètre Baumé ; puis on y ajoute du charbon de bois en poudre, on dessèche au rouge sombre la pâte formée par le mélange, et on la chauffe ensuite dans des cornues horizontales en terre réfractaire (*fig.* 65). Le charbon réduit l'acide phosphorique en formant de l'oxyde de carbone, le phosphore se dégage à l'état de vapeurs que l'on condense dans des récipients contenant de l'eau froide :

$$2PO^4H^3 + 5C = 2P + 5CO + 3H^2O.$$

2° Pour extraire le phosphore du phosphate de calcium naturel, *on chauffe ce corps, finement pulvérisé, avec du sable et du charbon dans un four électrique.* Le sable, qui est de l'acide silicique très stable, forme du silicate de calcium et met en liberté de l'acide phosphorique qui, à cette haute température, est réduit par le charbon ; les vapeurs de phosphore se rendent par un tube dans un récipient refroidi où elles se condensent.

Dans les deux cas, le phosphore brut est ensuite fondu sous l'eau, filtré à travers une peau de chamois ou du charbon reposant sur une pierre poreuse, pour le séparer des matières étrangères qu'il a entraînées, et coulé en bâtons.

RÉSUMÉ DU CHAPITRE XIII

Le *phosphore* $P = 31$ est solide, ambré, mou ; il a une odeur d'ail ; il fond à 44°, bout à 290°, il est insoluble dans l'eau, soluble dans le sulfure de carbone.

Il se combine à l'oxygène dès la température ordinaire, en répandant des lueurs dans l'obscurité (phosphorescence) ; il s'enflamme à 60° et forme de l'anhydride phosphorique.

On ne doit le manier que sous l'eau ; il produit des brûlures très graves.

Le phosphore s'enflamme spontanément dans le chlore ; il s'unit directement au soufre et aux métaux, et réduit l'acide azotique en formant de l'acide phosphorique.

Il est très vénéneux ; ses vapeurs déterminent la carie des os.

Le phosphore rouge est une variété allotropique du phosphore ; il est pulvérulent, rouge, insoluble dans le sulfure de carbone, et ne s'enflamme qu'à 260° ; il n'est pas vénéneux.

Le phosphore sert surtout à la fabrication des allumettes chimiques.

On extrait le phosphore des os ; on traite les os par l'acide chlorhydrique qui transforme le phosphate tricalcique en phosphate monocalcique ; ce dernier, traité par la chaux, forme du phosphate dicalcique insoluble qui, avec l'acide sulfurique, donne de l'acide phosphorique ; et cet acide chauffé avec du charbon, forme de l'oxyde de carbone et du phosphore.

CHAPITRE XIV

CARBURES L'HYDROGÈNE

146. Le carbone forme, avec l'hydrogène, un très grand nombre de composés, dont les noms ne peuvent plus être formés suivant les règles ordinaires de la nomenclature, et qui appartiennent à la chimie organique. Nous verrons seulement ici les trois principaux, dont chacun est le type de toute une série de carbures analogues : le *méthane* CH^4, l'*éthylène* C^2H^4 et l'*acétylène* C^2H^2.

Méthane.

Formule : CH^4. — Poids moléculaire : 16.

147. État naturel. — Le méthane ou *formène* ou *protocarbure d'hydrogène* a été découvert par Volta, en 1778, dans la vase des marais, où il résulte de la décomposition microbienne des végétaux, de là son nom de *gaz des marais*.

Il se trouve encore dans les gaz volcaniques, dans ceux qui se dégagent des mines de pétrole, et surtout des mines de houille où il forme avec l'air un mélange détonant, le *grisou*. Dans certains pays, en Toscane, dans le Dauphiné, en Perse, en Chine, en Pensylvanie, il se dégage du sol et constitue des fontaines ardentes.

148. Propriétés. — Le méthane est un gaz incolore, inodore ; sa densité est 0,56 ; il est très peu soluble dans l'eau.

Il se liquéfie difficilement et forme un liquide incolore qui bout à — 160°.

Chauffé au rouge, il se décompose en hydrogène et en acétylène C^2H^2 qui forme à son tour d'autres carbures :

$$2CH^4 = C^2H^2 + 6H.$$

A l'air, il brûle avec une flamme bleuâtre, peu éclairante :

$$CH^4 + 4O = CO^2 + 2H^2O.$$

Un mélange de 1 vol. de méthane et de 2 vol. d'*oxygène* détone violemment au contact d'un corps enflammé.

Le mélange de 1 vol. de méthane avec 2 vol. de *chlore* réagit énergiquement sous l'action des rayons solaires ou de la flamme d'une bougie ; il se fait de l'acide chlorhydrique et un dépôt de charbon :

$$CH^4 + 4Cl = 4HCl + C.$$

A la lumière diffuse, on obtient des produits de substitution, c'est-à-dire des composés qui ne diffèrent de CH^4 que par la substitution du chlore à l'hydrogène ; l'un de ces produits est le méthane trichloré ou *chloroforme* $CHCl^3$:

$$CH^4 + 6Cl = 3HCl + CHCl^3 ;$$

c'est un liquide incolore, d'une odeur pénétrante, d'une saveur sucrée, dont la vapeur est anesthésique à dose modérée, toxique à forte dose ; aussi ne faut-il l'employer qu'avec précaution.

De même le *brome* et l'*iode* donnent avec le méthane des produits dans lesquels ils sont substitués au même nombre d'atomes d'hydrogène ; le plus connu est l'*iodoforme* ou méthane triiodé CHI^3, antiseptique d'odeur désagréable, mais très employé pour le pansement des plaies.

149. Feu grisou. Lampe de Davy. — Dans certaines mines de houille, le méthane, renfermé dans les fissures de la houille, se dégage abondamment lorsque la veine est découverte, et il s'accumule dans les parties supérieures des galeries, où il forme avec l'air un mélange détonant ayant un pouvoir explosif considérable.

Au contact d'une lampe, de l'étincelle jaillissant d'un pic, le grisou s'enflamme, brûlant les mineurs, les projetant contre les parois des galeries, les ensevelissant sous les décombres produits par l'explosion, ou le plus souvent les empoisonnant par l'oxyde de carbone, produit d'une combustion incomplète.

Pour éviter ces explosions terribles, les mineurs emploient la *lampe de Davy*, dont la flamme est entourée d'une toile métallique (*fig.* 66) ; si le mélange détonant pénètre dans la lampe, il s'y enflamme, mais les gaz, en traversant la toile métallique, très conductrice, se refroidissent assez pour ne pouvoir propager l'inflammation au dehors ; l'explosion se fait donc seulement dans la lampe, qu'elle éteint, et le mineur est averti du danger.

Fig. 66. — Lampe de sûreté de Davy.

Fig. 67. — Lampe de sûreté de Combes.

La toile métallique, à mailles serrées, diminuant beaucoup le pouvoir éclairant, Combes l'a remplacée, dans la partie qui entoure la flamme, par un cylindre de verre très fort (*fig.* 67) ; des ouvertures inférieures, aussi munies de toile métallique, permettent l'entrée de l'air et facilitent le tirage, qui est activé par la cheminée de toile métallique placée au-dessus du verre.

150. Préparation du méthane. — Pour obtenir le méthane pur et en quantité notable, *on décompose l'acétate de sodium par la chaux sodée*; l'acétate de sodium $C^2H^3NaO^2$ forme avec la soude NaOH du carbonate de sodium et du formène :

$$C^2H^3NaO^2 + NaOH = CO^3Na^2 + CH^4.$$

On emploie la chaux sodée au lieu de la soude qui, seule, attaquerait le verre, le mélange, introduit dans une cornue de verre vert, est chauffé au rouge naissant (*fig.* 68) ; le méthane se dégage, on le recueille sur la cuve à eau.

Fig. 68. — Préparation du méthane!

151. Usages. — Le méthane est utilisé, dans les pays où il se dégage du sol, pour la cuisson des poteries, l'éclairage, etc. ; il entre pour une grande part dans la composition du gaz d'éclairage.

Éthylène.

Formule : C^2H^4. — Poids moléculaire : **28**.

152. Propriétés. — L'éthylène, *éthène* ou *gaz oléfiant,* été découvert en 1795 par quatre chimistes hollandais ; c'est un gaz incolore, d'une odeur éthérée, dont la densité est 0,97 ; il est très peu soluble dans l'eau, plus soluble dans l'alcool.

Il a été liquéfié à 0°, sous la pression de 44 atmosphères, et bout à — 103°, sous la pression atmosphérique ; il a servi à liquéfier l'azote, l'oxygène et l'hydrogène, par le froid qu'il produit en s'évaporant.

Chauffé au rouge dans un tube de porcelaine, l'éthylène se décompose en acétylène C^2H^2, et hydrogène, mais cette réaction est limitée par la réaction inverse, qui a servi à faire la synthèse de l'éthylène.

Il est très combustible, et brûle à l'air avec une flamme blanche très éclairante :

$$C^2H^4 + 6O = 2CO^2 + 2H^2O.$$

Le mélange de 1 vol. d'éthylène avec 3 vol. d'*oxygène* détone violemment quand on l'enflamme et a un pouvoir explosif considérable.

Avec le *chlore*, au contact d'une flamme, il donne les mêmes produits que le méthane :

$$C^2H^4 + 4Cl = 4HCl + 2C.$$

Mais si l'on introduit dans une cloche reposant sur l'eau, des volumes égaux de chlore et d'éthylène, à la lumière diffuse, il se fait un composé $C^2H^4Cl^2$, liquide oléagineux formant des gouttelettes à la surface de l'eau qui monte dans la cloche pour remplacer les gaz ; les gouttes huileuses tombent bientôt au fond, c'est la *liqueur des Hollandais*, d'une odeur éthérée agréable, et c'est à cause de cette réaction que l'éthylène a été nommé gaz oléfiant.

Ce bichlorure d'éthylène $C^2H^4Cl^2$ peut donner par l'action d'une solution alcoolique de potasse un composé C^2H^3Cl qui est un produit de substitution, l'*éthylène monochloré*, ayant des propriétés analogues à celles de C^2H^4 :

$$C^2H^4Cl^2 + KOH = KCl + H^2O + C^2H^3Cl.$$

Ce corps peut, en effet, donner par exemple avec le chlore un nouveau produit d'addition $C^2H^3Cl^3$, analogue à la liqueur des Hollandais, lequel produira par l'action de la potasse alcoolique :

$$C^2H^3Cl^3 + KOH = KCl + H^2O + C^2H^2Cl^2 ;$$

de sorte que l'on peut obtenir, comme pour le méthane, une série de composés :

$$C^2H^3Cl, \qquad C^2HCl^3 \qquad et \qquad C^2Cl^4.$$

L'éthylène peut encore donner des produits d'addition avec le *brome*, l'*iode*, avec l'*acide chlorhydrique*, l'*acide sulfurique*, etc.

Ces réactions montrent la différence entre l'éthylène et le méthane : tandis que l'éthylène peut, en conservant ses éléments, fixer, par *addition*, de nouveaux corps, le méthane ne peut fixer d'autres corps que par *substitution* à l'hydrogène ; aussi le méthane est-il dit *saturé*.

153. Préparation. — L'éthylène se produit en très petite quantité dans la décomposition des matières organiques : houille, bitumes, graisses ; aussi en trouve-t-on dans les gaz

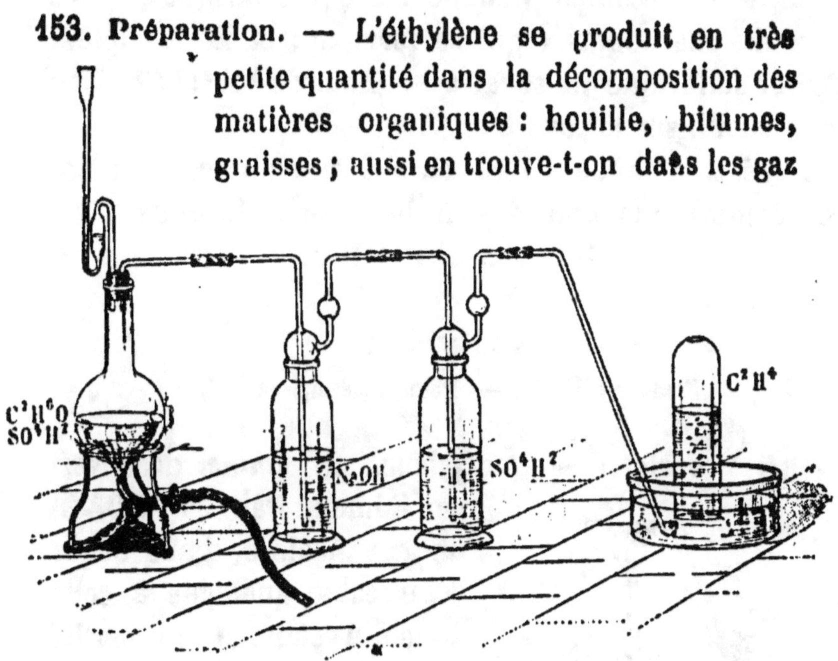

Fig. 69. — Préparation de l'éthylène.

des mines de houille, de pétrole, de sel, dans le gaz d'éclairage.

Pour le préparer, *on déshydrate l'alcool* C^2H^6O *par l'acide sulfurique concentré, vers 160°*; le mélange des deux liquides doit être fait lentement, dans un récipient refroidi, en versant peu à peu l'acide dans l'alcool, et agitant constamment pour éviter une élévation rapide de température.

On le chauffe dans un ballon de verre, en y ajoutant du sable, qui rend le dégagement du gaz plus régulier, et en ayant soin de ne pas dépasser 160°. On fait passer le gaz dans des flacons laveurs à soude et à acide sulfurique (*fig.* 69) pour retenir, le premier, les gaz carbonique et sulfureux qui se produisent si la température s'élève, par suite de la décomposition de l'acide sulfurique par les produits charbonneux qui se forment; et le deuxième, l'éther sulfurique qui se fait au-dessous de 140°; l'éthylène est recueilli sur la cuve à eau.

La réaction, qui s'effectue en plusieurs phases, peut être représentée, quant au résultat final, par la formule

$$C^2H^6O = C^2H^4 + H^2O.$$

Acétylène.

Formule : C^2H^2. — Poids moléculaire : **26.**

454. Propriétés. — L'acétylène, ou *éthine*, découvert par Edmond Davy en 1836, est un gaz incolore, d'une odeur désagréable analogue à celle du gaz d'éclairage ; sa densité est 0,91 ; il est peu soluble dans l'eau, difficilement liquéfiable ; il est toxique.

Fig. 70.   Acétylène chauffé seul ou avec de l'hydrogène.

Sous l'influence de la chaleur, l'acétylène se polymérise, c'est-à-dire que plusieurs molécules se condensent en une seule ; il se fait, par exemple, de la benzine C^6H^6 :

$$(C^2H^2)^3 = C^6H^6.$$

Il s'unit directement à l'*hydrogène* au rouge sombre, en donnant de l'éthylène C^2H^4, et ensuite de l'éthane C^2H^6 (*fig.* 70).

Il brûle à l'air avec une flamme blanche très éclairante, en donnant un dépôt de charbon si l'oxygène est en quantité insuffisante ; si le mélange d'acétylène et d'*oxygène* est en proportion exacte pour la combustion complète, il détone violemment quand on l'enflamme car il dégage en brûlant une très grande quantité de chaleur (300 grandes calories pour 26^s d'acétylène).

L'oxydation ménagée, par le permanganate de potassium, par exemple, transforme l'éthine en acide oxalique $C^2H^2O^4$:

$$C^2H^2 + 4O = C^2H^2O^4.$$

L'acétylène avec le *chlore* produit une explosion, au contact d'une flamme, et souvent même à la lumière diffuse ; il se forme de l'acide chlorhydrique et du charbon.

Si le chlore est emprunté au chlorure d'antimoine $SbCl^3$, l'éthine peut fixer soit 2, soit 4 atomes de chlore, en donnant des produits d'addition $C^2H^2Cl^2$, $C^2H^2Cl^4$; il ne forme pas de produits de substitution directe.

Les *métaux alcalins* (potassium, sodium) et *alcalino-terreux* (calcium, baryum) peuvent se substituer à l'hydrogène de l'acétylène en donnant des composés C^2Na^2, C^2Ca, C^2Ba, qui sont de véritables carbures métalliques, et qui peuvent reproduire l'éthine, comme nous le verrons plus loin.

L'acétylène peut encore former des produits d'addition avec l'*azote*, les *acides* :

$$C^2H^2 + 2Az = 2(CAzH), \text{ acide cyanhydrique,}$$
$$C^2H^2 + HCl = C^2H^3Cl, \text{ éthylène monochloré.}$$

155. Synthèse. — L'acétylène est le seul carbure d'hydrogène qui ait été obtenu par l'union directe de ses éléments, et sa synthèse a été faite par M. Berthelot en 1848. On fait jaillir l'arc électrique entre deux baguettes de charbon de cornue, dans un ballon de verre en forme d'œuf, traversé par un courant d'hydrogène sec et pur (*fig.* 71) ; au sortir de l'œuf électrique, les gaz traversent un flacon renfermant du chlorure cuivreux Cu^2Cl^2 dissous dans l'ammoniaque, ce qui le transforme en oxyde Cu^2O :

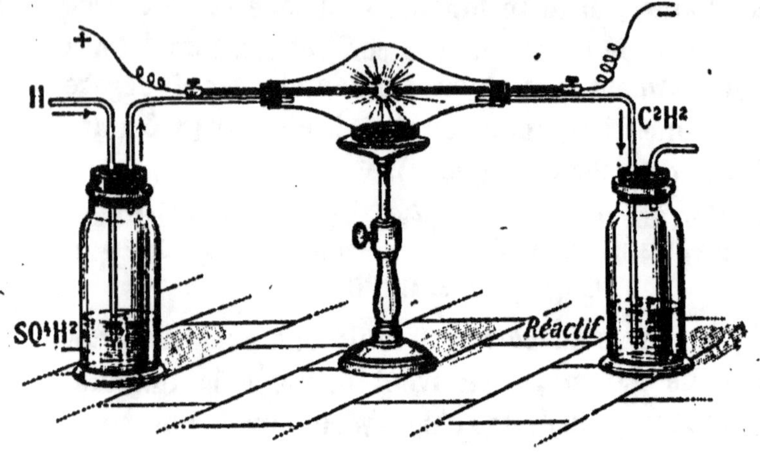

Fig. 71. — Synthèse de l'acétylène.

ce corps se combine à l'acétylène et forme un précipité rouge brique d'acétylure de cuivre $Cu^2O.C^2H^2$, qui, traité par l'acide chlorhydrique, refait Cu^2Cl^2 et de l'eau et dégage l'acétylène :

$$Cu^2O.C^2H^2 + 2HCl = Cu^2Cl^2 + H^2O + C^2H^2.$$

156. Préparation. — L'acétylène se produit encore par l'action de la chaleur ou de l'électricité sur les matières organiques et dans les combustions incomplètes de ces matières, en particulier de l'éther et du gaz d'éclairage que l'on brûle incomplètement dans des appareils spéciaux. pour préparer C^2H^2 en plus grande quantité.

On peut montrer sa formation dans la combustion incomplète de l'éther en mettant quelques centimètres cubes de chlorure cuivreux dans une éprouvette et ajoutant un peu d'éther ; on enflamme la vapeur d'éther qui brûle à l'orifice de l'éprouvette et par un mouvement de rotation on mouille les parois avec le liquide, qui passe immédiatement du bleu au rouge par la formation d'acétylure cuivreux.

Dans l'industrie, on prépare l'acétylène par *la décomposition de l'eau à froid par le carbure de calcium* C^2Ca (57) ; il se fait de la chaux et de l'acétylène :

$$C^2Ca + 2H^2O = C^2H^2 + Ca(OH)^2.$$

Pour faire l'expérience dans les laboratoires, on introduit le carbure en petits morceaux, par un large tube droit, dans l'eau d'un flacon communiquant avec une éprouvette placée sur la cuve à eau (*fig.* 72). On ferme le tube par un bouchon

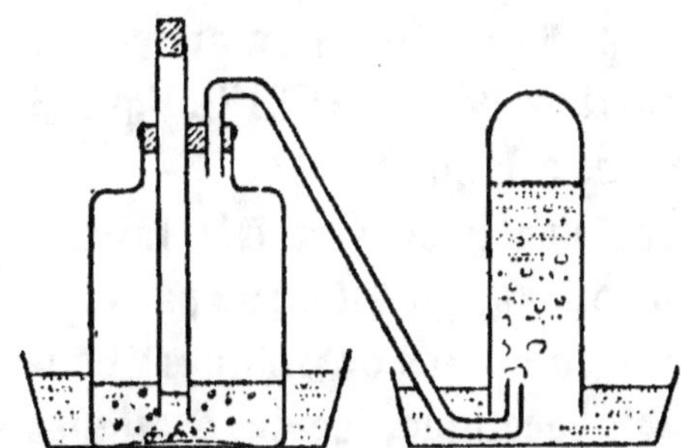

Fig. 72. — Préparation de l'acétylène.

pour éviter la rentrée de l'air, et l'on attend pour recueillir le gaz que tout l'air de l'appareil ait été chassé, afin d'éviter un mélange détonant.

157. Usages. — L'acétylène est employé avec avantage dans l'éclairage public et domestique (projections lumineuses, lanternes d'automobiles et de bicyclettes, lampes des boutiques foraines), à cause de son grand pouvoir éclairant, de la facilité et du bon marché de sa préparation ; on le brûle dans un bec étroit pour éviter qu'il ne se mélange à l'air et détone ; les extrémités de ce bec sont en stéatite (silicate de magnésium peu fusible) et non en cuivre que l'acétylène attaquerait.

On l'emploie aussi, en raison de sa grande chaleur de combustion, dans le *chalumeau à oxygène et acétylène*, qui fournit une flamme à 2400°, dans laquelle les métaux fondent et se soudent à eux-mêmes.

L'usage de l'acétylène présente des dangers parce qu'il forme avec l'air un mélange détonant et qu'il peut même se décomposer seul avec explosion sous l'influence d'un choc, d'une étincelle électrique, dès que sa pression dépasse 2 atmosphères. Aussi ne peut-on ni le comprimer ni le liquéfier pour le rendre transportable ; mais on arrive au même résultat en le dissolvant dans l'*acétone* C^3H^6O, liquide obtenu en chauffant l'acétate de calcium.

Au point de vue chimique, l'acétylène est très important, parce qu'il permet de faire par substitution ou par addition la synthèse de nombreux composés organiques : benzine, éthylène, éthane, acide acétique, acide oxalique, acide cyanhydrique, etc.

RÉSUMÉ DU CHAPITRE XIV

Le carbone forme avec l'hydrogène un très grand nombre de composés.

Le *méthane* ou *formène* CH^4 est un gaz incolore, inodore, très léger, peu soluble dans l'eau. Il brûle avec une flamme bleue peu éclairante, et forme avec l'oxygène un mélange détonant.

Avec le chlore, à la lumière diffuse, il donne des produits de substitution, dont le principal est le chloroforme.

Le méthane se dégage de la vase des marais, et dans les mines de houille où il forme le grisou.

On le prépare en décomposant l'acétate de sodium par la chaux sodée.

Il entre dans la composition du gaz d'éclairage ; on l'utilise comme combustible dans les pays où il se dégage du sol.

L'*éthylène* ou *gaz oléfiant* C^2H^4 est un gaz d'une odeur éthérée, peu soluble dans l'eau. Il brûle avec une flamme très éclairante et forme avec l'oxygène un mélange détonant. Avec le chlore il donne, à la lumière diffuse, un produit d'addition, la liqueur des Hollandais ; au contact d'une flamme, il forme de l'acide chlorhydrique et du charbon.

On le prépare en déshydratant l'alcool par l'acide sulfurique concentré vers 160°.

L'*acétylène* ou *éthine* est un gaz d'une odeur désagréable, un peu soluble dans l'eau. Il brûle avec une flamme très éclairante ; il forme avec l'oxygène et avec le chlore des mélanges détonants ; il peut aussi donner avec le chlore des produits d'addition.

L'acétylène est le seul carbure d'hydrogène obtenu par union directe des éléments, dans l'œuf électrique. Il se produit dans la combustion incomplète des matières organiques (éther, gaz d'éclairage) ; il forme avec le chlorure cuivreux en solution ammoniacale un précipité rouge d'acétylure de cuivre, qui, traité par l'acide chlorhydrique, redonne l'acétylène. On prépare facilement l'acétylène en décomposant le carbure de calcium par l'eau. On l'emploie dans l'éclairage, et pour faire la synthèse des composés organiques.

CHAPITRE XV

GAZ D'ÉCLAIRAGE. — FLAMME

Gaz d'éclairage.

158. Historique. — La houille, chauffée en vase clos, dégage des gaz combustibles ; c'est un ingénieur français.

Philippe Lebon, qui eut le premier, en 1785, l'idée d'uti-

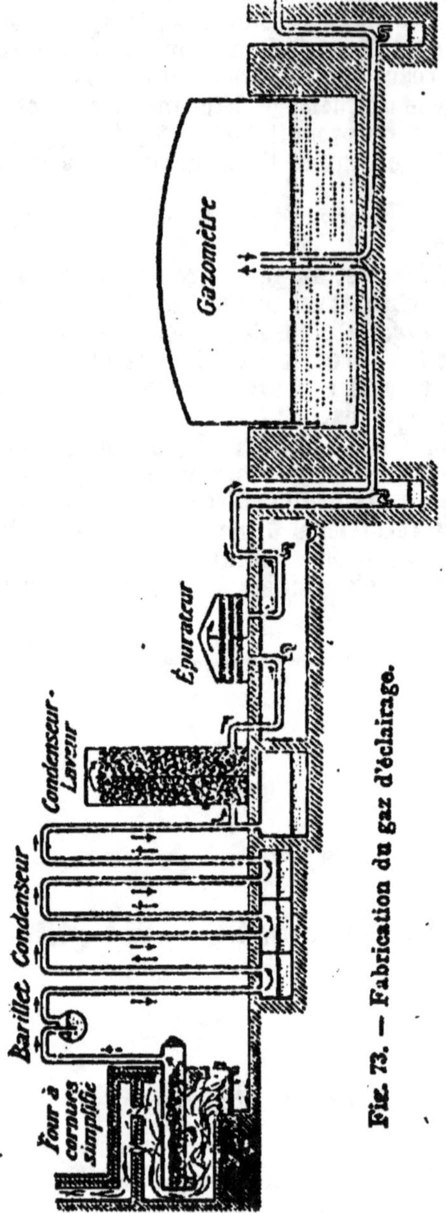

Fig. 73. — Fabrication du gaz d'éclairage.

liser ces gaz pour l'éclairage et le chauffage ; mais ses

appareils n'eurent aucun succès à cause de l'odeur désagréable du gaz et de sa flamme fumeuse et peu éclairante. Les expériences furent reprises par Murdoch en Angleterre et Winsor en Allemagne, qui trouvèrent le moyen d'enlever au gaz son odeur désagréable, et s'associèrent pour l'exploiter. Ce n'est qu'en 1812 à Londres et en 1817 à Paris que le gaz fut employé à l'éclairage des rues.

Aujourd'hui, on arrive à préparer le gaz d'éclairage à bon marché, parce qu'on recueille tous les produits secondaires de la distillation, qui fournissent un grand nombre de composés utiles.

159. Fabrication du gaz. — On chauffe la houille dans des *cornues* en forme de demi-cylindres, en terre réfractaire, ouvertes à une extrémité, et qui peuvent être fermées par une plaque de fonte maintenue par une vis de pression et un étrier (*fig.* 73) ; c'est par cette ouverture qu'on introduit la houille, et qu'on retire le coke après la distillation.

Le gaz se dégage par un tube fixé à la garniture métallique de chaque cornue, et se rend dans un gros tube horizontal, le *barillet,* à moitié rempli d'eau ; des goudrons se déposent dans cette eau. Mais le gaz renferme encore trop de produits peu volatils qui obstrueraient les tuyaux et rendraient la flamme fumeuse ; et des produits sulfurés et ammoniacaux, provenant des pyrites et de l'azote que contenait la houille, qui en brûlant répandraient une odeur infecte et donneraient des gaz délétères, comme le gaz sulfureux ; aussi fait-on subir au gaz une épuration physique, puis une épuration chimique.

Épuration physique. — Commencée dans le barillet, elle se continue dans une série de tubes de fonte, débouchant dans une caisse inférieure à compartiments, qui constituent le *jeu d'orgue* ou condenseur. Dans la caisse se condensent des goudrons, de la vapeur d'eau, des phénols et des produits ammoniacaux. Le gaz passe ensuite dans une colonne en fonte, séparée en deux compartiments, et remplie de coke ; le gaz en filtrant à travers les morceaux de coke, dépose les parcelles solides et les gouttelettes qu'il tenait en suspension.

Épuration chimique. — Au sortir de ces appareils, le gaz se rend dans des caisses d'épuration, contenant des claies superposées sur lesquelles on a étendu du sulfate de calcium et du sesquioxyde de fer hydraté ; ce mélange est obtenu en exposant à l'air un mélange de sulfate de fer et de chaux, rendu poreux par de la sciure de bois. L'hydrogène sulfuré donne, avec le sesquioxyde de fer du sulfure de fer, du soufre et de l'eau ; l'ammoniaque passe à l'état de sulfate d'ammonium, le gaz carbonique forme du carbonate de calcium, le sulfure de carbone est retenu par de la chaux partiellement sulfurée et l'acide cyanhydrique $CAzH$, avec le sesquioxyde de fer, forme du bleu de Prusse qui colore le mélange en bleu intense, et que l'on peut extraire pour l'employer en teinture ou dans la fabrication des cyanures.

Le gaz épuré se rend dans le *gazomètre,* grande cloche en tôle reposant sur une cuve en maçonnerie étanche, à la manière d'une éprouvette servant à recueillir un gaz dans un laboratoire ; de là, le gaz est envoyé par des canalisations aux différents endroits où on l'utilise.

Toutes les variétés de houille ne sont pas également propres à la distillation ; 100^{k} de houille à longue flamme donnent en moyenne : 28 à 30^{m3} de gaz, 1^{hl},78 de coke, 5^{k} de goudron et 6^{k},8 d'eaux ammoniacales.

160. Composition du gaz. — Le gaz d'éclairage est un mélange complexe formé surtout d'*hydrogène* (50 %) et de *méthane* (35 %); on y trouve encore 7 à 8 % d'*oxyde de carbone*, 4 % de carbures d'hydrogène gazeux tels que l'*éthylène* et l'*acétylène*, et des traces de gaz carbonique, de benzine, d'azote et d'hydrogène sulfuré.

161. Propriétés. — Il a une odeur caractéristique, due surtout à l'hydrogène sulfuré, et dont il vaut mieux ne pas le débarrasser entièrement parce qu'on est averti, par cette odeur, des fuites de gaz. Sa densité est 0,399.

Il brûle avec une flamme très éclairante, grâce à la benzine et aux carbures analogues, et très chaude grâce à l'hydrogène et au méthane. Mélangé à l'air en proportions convenables, il forme un mélange détonant qui peut exploser quand on pénètre avec une lumière dans une salle où il s'est produit une accumulation de gaz d'éclairage.

162. Action physiologique. — Le gaz d'éclairage est toxique ; mélangé à l'air en assez forte proportion, il détermine rapidement l'asphyxie, sans doute à cause de l'oxyde de carbone qu'il contient. De plus il consomme environ 6 fois son volume d'air, en brûlant ; aussi, il faut veiller à la ventilation des salles où plusieurs becs de gaz sont allumés.

164. Usages. — Le gaz est employé pour l'éclairage, pour le chauffage non seulement dans des fourneaux de cuisine ou dans l'industrie, mais aussi pour le chauffage des appartements ; il peut remplacer l'hydrogène dans le chalumeau à gaz et la lumière oxhydrique, et pour le gonflement des ballons : la force expansive du mélange tonnant de gaz et d'air, enflammé, est utilisée comme force motrice dans les machines dites moteurs à gaz.

La houille fournit encore d'autres produits importants : le *coke* (55) dont une partie est employée pour chauffer les cornues, et le reste vendu comme combustible ; le *charbon de cornues* (54), dont on fait des creusets, des charbons de piles, etc. ; les *eaux ammoniacales*, qui sont une des principales sources des sels ammoniacaux dans l'industrie ; et les *goudrons*, que l'on utilise directement pour fabriquer du noir de fumée, ou pour imprégner le carton, les briques, le bois et les préserver de l'action de l'humidité. On retire aussi des goudrons, par distillations fractionnées, le *benzène*, le *toluène*, le *phénol*, la *naphtaline*, l'*anthracène*, les *couleurs d'aniline*, des *huiles lourdes* qui peuvent être employées au chauffage des machines ; et enfin le résidu de l'opération, ou *brai*, qui sert à faire l'asphalte des trottoirs ou, mélangé à du poussier de charbon, à fabriquer les *agglomérés*, employés aussi au chauffage des machines à vapeur.

Flamme.

164. Production. — *La flamme est un gaz ou une vapeur portés à l'incandescence par un phénomène de combustion ;* ce n'est pas un caractère essentiel de la combustion ; ainsi le carbone, le fer, le cuivre brûlent sans flamme parce qu'ils ne sont pas volatils, tandis que le soufre, le phosphore, le zinc brûlent avec flamme.

165. Température. — La température d'une flamme est toujours très élevée et supérieure au rouge blanc ; elle dépend de la chaleur dégagée par l'union des deux corps qui produisent la combustion ; mais la flamme de l'hydrogène est plus chaude que celle du charbon, qui elle-même est plus chaude que celle du phosphore.

166. Éclat. — L'éclat d'une flamme dépend :
1° Pour un même corps, de sa température ;
2° A température égale, de la pression des gaz qui se

combinent ; ainsi le mélange tonnant d'hydrogène et d'oxygène sous la pression atmosphérique produit une flamme bien moins brillante que sous des pressions de 2 et 3 atmosphères ;

3° Il dépend des matières qui se trouvent dans la flamme.

Les gaz donnent une flamme pâle ; ainsi l'hydrogène, l'oxyde de carbone, le soufre qui brûle en donnant du gaz sulfureux, ont des flammes peu brillantes. L'éclat de la flamme augmente quand on y introduit un corps solide fixe, qui se trouve porté à l'incandescence ; ainsi le phosphore a une flamme brillante parce que l'anhydride phosphorique produit par la combustion est une vapeur très dense qui devient incandescente ; la flamme du gaz de la houille, d'une bougie, est éclairante parce que les gaz qui brûlent tiennent en suspension du carbone solide provenant de la décomposition partielle des hydrocarbures, et dont on peut montrer la présence en écrasant la flamme avec une soucoupe froide : il s'y fait une tache de noir de fumée.

La flamme de l'hydrogène devient très brillante si l'on y introduit des fils de platine ou un morceau de chaux vive. C'est pourquoi on augmente beaucoup l'intensité lumineuse du gaz en introduisant dans la flamme un manchon formé d'un tissu imprégné d'oxydes de thorium et de cérium infusibles et non combustibles qui sont portés à l'incandescence (*bec Auer*).

167. Constitution d'une flamme. — La flamme d'un corps simple, comme l'hydrogène ou le soufre, est homogène ; mais il n'en est pas de même de celle d'un gaz composé. Si nous observons la flamme d'un bec de gaz, ou celle d'une bougie qui est analogue car les gaz provenant de la décomposition par la chaleur de la matière grasse qui imprègne la mèche se rapprochent de ceux de la houille, nous y verrons trois couches (*fig.* 74) : une couche extérieure peu éclairante, bleue à la base ; une couche moyenne, conique, très brillante ; et à l'intérieur une région sombre.

La région centrale est formée par les gaz qui se dégagent de la mèche ou du tube, et qui ne peuvent brûler faute d'oxygène ; elle a une température peu élevée : une allumette soufrée ne s'y enflamme pas. Dans la région moyenne, l'hydrogène brûle le premier, et comme il y a excès de combustible, le carbone réduit en poussière très fine est porté à l'incandescence.

Ce carbone, entraîné par le courant de gaz et d'air brûle en arrivant dans la couche externe ; c'est donc là que la température est le plus élevée puisque la combustion est complète, mais l'éclat y est moindre que dans la région moyenne. La partie inférieure de la couche externe est bleue parce qu'elle est due à la combustion de l'oxyde de carbone et du méthane, qui se forment les premiers par suite de la décomposition de la bougie à une température peu élevée.

Fig. 74 Constitution d'une flamme.

Si l'air en contact avec la flamme est en quantité insuffisante pour que la combustion soit complète, c'est l'hydrogène qui brûle le premier, et une partie du carbone se répand en fumée dans l'atmosphère, la flamme devient fuligineuse.

Si au contraire on augmente la quantité d'air ou d'oxygène autour de la flamme, la combustion étant complète la température s'élève mais l'éclat diminue : c'est le principe du bec de *Bunsen* (fig 75), dont on se sert dans les laboratoires.

Pour les lampes à huile ou à pétrole, on augmente généralement l'éclat de la flamme en employant des becs annulaires à courant d'air central, et en entourant la flamme d'une cheminée de verre, dont on fait varier la position pour régler le tirage, de façon à déterminer une combustion complète tout en donnant à la couche brillante le plus d'étendue possible.

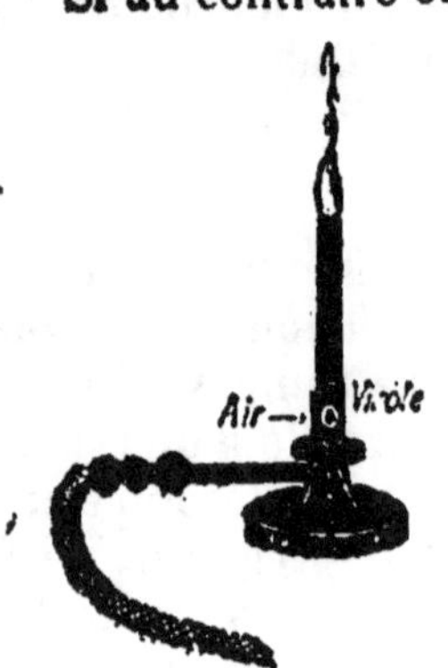

Fig. 75. — Brûleur Bunsen.

168. Propriétés des toiles métalliques. — Si l'on refroidit suffisamment les gaz d'une flamme, on peut faire cesser la combustion ; c'est pourquoi l'insufflation d'une trop grande quantité d'air ou même d'oxygène éteint une bougie. On obtient le même résultat en introduisant dans la flamme un corps bon conducteur qui s'échauffe à ses dépens : ainsi en écrasant une flamme avec une toile métallique, on l'arrête brusquement, bien que les gaz combustibles traversent la toile, et qu'on puisse les enflammer au-dessus. C'est en s'appuyant sur cette propriété des toiles métalliques que Davy a imaginé la *lampe de sûreté* (149) pour éviter, dans les mines, l'explosion du grisou.

RÉSUMÉ DU CHAPITRE XV

Le *gaz d'éclairage* est un mélange de produits gazeux combustibles, provenant de la décomposition de la houille en vase clos à haute température. Les produits de cette décomposition abandonnent des goudrons et des eaux ammoniacales dans le barillet, le jeu d'orgue et la colonne à coke (épuration physique) ; ils laissent l'hydrogène sulfuré, l'ammoniaque, le gaz carbonique dans des mélanges de sulfate de calcium et de sesquioxyde de fer (épuration chimique), et passent dans le gazomètre.

Le gaz d'éclairage est formé d'hydrogène et de méthane avec de l'oxyde de carbone et d'autres carbures d'hydrogène.

Il a une odeur caractéristique : il est très léger, et forme avec l'air des mélanges détonants ; il est toxique.

Ce gaz est employé pour l'éclairage, le chauffage, le gonflement des ballons ; pour actionner les moteurs à gaz, etc.

La décomposition pyrogénée de la houille fournit encore : le coke, le charbon de cornues, les goudrons, la benzine, le phénol, des sels ammoniacaux, etc.

CHAPITRE XVI

SILICIUM. — CLASSIFICATION DES MÉTALLOÏDES

Silicium.

169. Silicium. — Le silicium, $Si = 28$, est un métalloïde que ses propriétés rapprochent du carbone, mais qui n'est important que par son composé oxygéné, la *silice*, ou anhydride silicique SiO².

Le silicium n'existe pas dans la nature à l'état libre ; il a été isolé par Berzélius en 1808. Il se présente sous trois états allotropiques : en cristaux octaédriques, gris, à éclat métallique ; en lamelles hexagonales, gris de plomb, ressemblant beaucoup au graphite ; et amorphe, sous forme d'une poudre brune, ne fondant qu'au rouge blanc, et insoluble sauf dans l'aluminium et le zinc fondus.

Dans l'*oxygène*, le silicium amorphe brûle à une température élevée en donnant de la silice SiO².

Le silicium est aussi important dans le règne minéral que le carbone dans le règne végétal et animal, car il est très répandu, soit à l'état de silice, soit à l'état de silicates métalliques, et par la stabilité de ses composés, il est l'instrument de la consolidation de l'écorce terrestre.

Silice.

Formule : SiO². — Poids moléculaire : 60.

170. État naturel. — La silice se présente dans la nature sous des aspects très variés ; toutes les variétés de silice n'ont de propriétés communes que leur dureté (elles rayent le verre) et leur insolubilité dans l'eau et les acides.

Fig. 76.
Cristal
de roche.

La silice cristallisée constitue le *quartz*, que l'on trouve ordinairement sous forme de prismes hexagonaux terminés par des pyramides à 6 faces (*fig.* 76). Sa densité est 2,6 ; il ne fond qu'au chalumeau à gaz oxhydrique ou dans le four électrique.

Quand le quartz est transparent et incolore, on l'appelle spécialement *cristal de roche* ; il est souvent laiteux, ou coloré par des matières bitumineuses (*quartz enfumé*), ou par des oxydes métalliques : l'*améthyste* est violette, la *cornaline*, l'*agate*, sont diversement colorées.

A l'état amorphe, la silice constitue les *silex*, les pierres *meulières*, les *grès*, les *sables* plus ou moins mélangés d'alumine et d'oxyde de fer. Le *jaspe*, les *calcédoines*, l'*opale*, sont de la silice hydratée.

171. Propriétés chimiques. — La silice se dissout très lentement dans les *alcalis* bouillants, en formant des silicates fusibles. Elle décompose au rouge les *carbonates alcalins*, en dégageant du gaz carbonique, et il se fait un silicate alcalin ; ainsi du carbonate de sodium chauffé au rouge vif avec du sable donne du silicate de sodium SiO^4Na^4, sorte de verre transparent qui se dissout dans l'eau en formant la *liqueur des cailloux*.

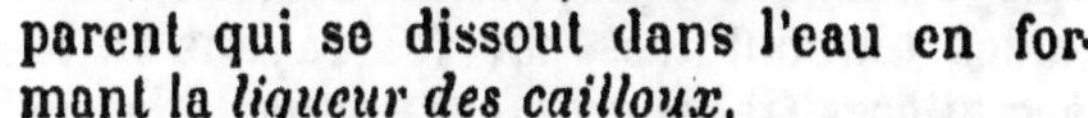

Cette dissolution, traitée par l'acide chlorhydrique, donne un précipité gélatineux (*fig.* 77), blanc, de silice hydratée SiO^4H^4, un peu soluble dans l'eau et les acides étendus ; c'est sous cette forme que la silice peut, grâce à l'acide carbonique dissous dans l'eau, se trouver dans les eaux courantes et pénétrer dans les végétaux qui en renferment parfois d'assez grandes quantités, par exemple les tiges des graminées.

Les eaux des *geysers* d'Islande en contiennent beaucoup et déposent des masses considérables de silice hydratée.

Fig. 77. — Formation de silice gélatineuse.

La silice hydratée, séchée à l'air et calcinée, perd de l'eau et se transforme en silice amorphe pure SiO^2, pulvérulente et blanche, de densité 2,2.

La silice n'est attaquée par aucun métalloïde, ni aucun acide sauf l'*acide fluorhydrique* qui la dissout en formant de l'eau et du fluorure de silicium SiF^4. Cette réaction est utilisée pour graver sur le verre, qui est un silicate.

Les métaux très réducteurs : potassium, sodium, magnésium, réduisent seuls la silice à une température très élevée (préparation du silicium) ; le fer, le cuivre, le platine la décomposent en présence du charbon, et se combinent au silicium isolé en donnant du ferrosilicium, du bronze silicium ou du siliciure de platine, utilisés en métallurgie.

La silice et les silicates dissolvent les oxydes métalliques ; de là l'emploi du sable comme fondant dans la métallurgie du fer, du cuivre, etc.

172. Usages. — Les variétés naturelles de silice sont utilisées soit en bijouterie, soit pour les constructions, pour faire des pavés, des meubles. L'agate sert à faire des mortiers, des pilons, des brunissoirs. Le sable entre dans la composition du mortier, des poteries, du verre, du cristal ; il sert à faire le papier d'émeri pour polir les métaux. Le cristal de roche, fondu par l'action du four électrique et travaillé dans la flamme du chalumeau oxhydrique, commence à être employé dans les appareils à stérilisation de l'eau et des liquides alimentaires par les rayons ultra-violets que, seul des matières transparentes, le quartz laisse passer.

CLASSIFICATION DES MÉTALLOÏDES

173. On peut grouper le. métalloïdes en familles naturelles, dont tous les corps présentent de grandes analogies dans leurs propriétés et dans l'ensemble de leurs réactions.

174. 1ʳᵉ famille. — La 1ʳᵉ famille comprend le *fluor*, le *chlore*, le *brome* et l'*iode*.

Tous ces corps s'unissent à l'hydrogène, à volumes égaux, pour donner des acides énergiques, gazeux, fumant à l'air, très solubles dans l'eau : HF, HCl, HBr, HI.

Ils donnent avec les métaux des sels analogues et généralement isomorphes, c'est-à-dire formant des cristaux semblables, qui peuvent continuer à grossir dans les dissolutions l'un de l'autre. Ils ont peu d'affinité pour l'oxygène, avec lequel ils ne se combinent pas directement et forment des composés peu stables.

Le *fluor*, $F = 19$, gaz jaune verdâtre qui n'a été isolé qu'en 1887 par M. Moissan en électrolysant l'acide fluorhydrique dans un vase de platine iridié, s'écarte un peu des trois autres corps, et s'en distingue par l'énergie de ses réactions ; il s'unit directement à la plupart des corps simples, et attaque presque toutes les substances ; il se combine à l'hydrogène à la température ordinaire, même dans l'obscurité ; il ne peut être conservé que dans le platine, qu'il attaque à 500°. Il donne par refroidissement un liquide jaune, très mobile, un peu plus lourd que l'eau, qui bout à — 180° et se dissout dans l'oxygène et l'air liquides.

Son principal composé, l'*acide fluorhydrique* HF, se prépare en chauffant avec l'acide sulfurique un de ses sels, le fluorure de calcium, que l'on trouve cristallisé sous le nom de *spath fluor* ou de *fluorine*, dans les Vosges, l'Auvergne, etc. Il sert dans la gravure sur verre parce qu'il attaque ce corps, ainsi que la silice et les silicates.

Le *brome*, $Br = 80$, est un liquide rouge foncé, très volatil, très caustique et très vénéneux, qui se solidifie à — 7° en lamelles gris de plomb. Il existe à l'état de bromures dans l'eau de mer, dans les cendres de varechs et dans les mines de Stassfurt. Il est employé, à l'état de bromures de sodium et de potassium, en médecine, et à l'état de bromure d'argent, en photographie.

L'*iode*, $I = 127$, est un corps solide, cristallisé en paillettes gris d'acier à reflets métalliques ; il fond à 115° et bout vers 180° en donnant des vapeurs violettes très lourdes. Il est soluble dans l'alcool, et cette solution brune est la *teinture d'iode*. Il colore la peau en jaune et attaque les muqueuses ; sa vapeur est dangereuse à respirer. L'iode bleuit l'*amidon*, et cette réaction est employée pour caractériser les deux corps. Il existe à l'état d'iodures dans l'eau de mer et les cendres de varechs, et à l'état d'iodate de sodium dans les eaux mères du nitrate de sodium du Pérou.

L'iode est employé à l'état d'iodure de potassium et de teinture, en médecine, et à l'état d'iodure d'argent, en photographie.

175. 2ᵉ famille. — Cette famille renferme avec l'*oxygène* et le *soufre*, le *sélénium* et le *tellure* ; tous ces corps s'unissent à un volume double d'hydrogène pour former des composés H^2O, H^2S, H^2Se, H^2Te, qui sont des acides faibles, d'une odeur désagréable, sauf l'eau qui est inodore, neutre, et peut jouer dans les combinaisons tantôt le rôle d'acide et tantôt celui de base.

Le soufre, le sélénium et le tellure donnent en brûlant dans l'air des anhydrides analogues, SO^2, SeO^2, TeO^2, qui en s'oxydant et s'unissant à l'eau forment des acides sulfurique, sélénique, tellurique, dont les sels sont isomorphes.

Le *sélénium*, $Se = 79$, et le *tellure*, $Te = 126$, sont très rares ; on les trouve, dans la nature, combinés aux métaux.

Le sélénium est un solide brun noir, rouge par réflexion ou quand il est en poudre. Il se rapproche beaucoup du soufre. Il est surtout remarquable par les variations de sa résistance électrique suivant la quantité et la nature de la lumière à laquelle il est soumis.

Le tellure est un solide d'aspect métallique, d'une couleur rappelant celle de l'acier; il est bon conducteur de la chaleur comme les métaux.

176. 3ᵉ famille. — A côté de l'*azote* et du *phosphore* se place l'*arsenic* ; on en rapproche aussi l'*antimoine,* que ses propriétés physiques font souvent ranger dans les métaux.

Tous ces corps forment avec l'hydrogène des composés gazeux dans lesquels il entre pour 2 vol. du composé, 3 vol. d'hydrogène : AzH^3, PH^3, AsH^3, SbH^3.

Ils forment avec l'oxygène des acides énergiques, de formules analogues : l'*arsenic* $As = 75$, corps solide, grisâtre, forme l'anhydride arsénieux As^2O^3, poudre blanche très vénéneuse ; l'anhydride arsénique As^2O^5, encore plus toxique; l'acide arsénieux AsO^3H^3, comparable à PO^3H^3 ; l'acide arsénique AsO^4H^3, comparable à PO^4H^3, donnant des arséniates isomorphes des phosphates. L'anhydride arsénieux est employé, sous le nom de mort-aux-rats, pour la destruction des rats, des souris, des fouines,... Dans les empoisonnements par l'anhydride arsénieux, on combat ses effets en faisant absorber un vomitif pour éliminer ce qui peut être encore dans l'estomac, puis de la magnésie, qui forme avec le poison un corps insoluble.

L'*antimoine* $Sb = 120$ a l'aspect métallique ; il fond à $425°$ et entre dans la composition d'un certain nombre d'alliages. Il forme avec l'oxygène les anhydrides antimonieux Sb^2O^3 et antimonique Sb^2O^5.

177. 4ᵉ famille. — Elle comprend le *carbone* et le *silicium* ; le carbone donne avec l'hydrogène une infinité de composés, mais celui qui renferme, à volume égal, le plus petit poids de carbone a pour formule CH^4 ; et le silicium ne forme qu'un composé hydrogéné SiH^4.

On a obtenu aussi avec le silicium de nombreux dérivés analogues à ceux du carbone : $CHBr^3$, $SiHBr^3$; CCl^4, $SiCl^4$, mais ces deux métalloïdes présentent surtout des analogies dans leurs propriétés physiques : dureté, fixité, insolubilité, états allotropiques correspondants.

178. 5ᵉ famille. — Le *bore*, Bo = 11, ne peut être rapproché d'aucun des métalloïdes précédents. Il ne forme pas de composé avec l'hydrogène ; il peut s'unir à 3 atomes de chlore comme les corps de la 3ᵉ famille, mais ses autres réactions et ses composés n'ont pas d'analogies avec ceux des métalloïdes de cette famille. Ses propriétés physiques le rapprocheraient plutôt du carbone et du silicium : il est connu à l'état amorphe, sous forme d'une poudre verdâtre, et à l'état cristallisé en paillettes hexagonales jaune d'or ; il est très difficilement fusible, et ne se dissout que dans l'aluminium fondu.

Son composé le plus important est l'*acide borique* $Bo(OH)^3$, que l'on trouve dans la nature à l'état libre dans des eaux chaudes sortant du sol en Toscane (*suffioni*) ; à l'état de borate de sodium ou *borax* dans les Indes, et de borate de calcium en Californie et en Asie Mineure.

L'acide borique se présente sous forme de lamelles blanches, douces au toucher, peu solubles dans l'eau ; c'est un acide faible, qui rougit très peu le tournesol et qui n'est pas caustique ; on l'emploie beaucoup en médecine comme antiseptique, et dans la conservation des produits alimentaires ; il entre aussi dans la composition des émaux, du vernis des faïences ; et il sert à imprégner les mèches des bougies pour les rendre entièrement combustibles. Le borax est blanc, cristallisé, peu soluble dans l'eau froide, plus soluble dans l'eau chaude ; il est employé aussi comme antiseptique et dans la fabrication de certains verres, dans le repassage pour donner du brillant au linge empesé.

C'est du bore que semble se rapprocher l'*argon* et l'*hélium*, gaz incolores, inodores, qui sont contenus en petite quantité dans l'air, et qui ont été découverts récemment.

179. Valence des atomes. — De la considération des composés que forment les différents corps avec un élément donné, l'hydrogène par exemple, on peut déduire que tous les atomes ne sont pas équivalents quant à leur puissance de combinaison ; ainsi 1 atome de chlore s'unit à 1 atome d'hydrogène dans l'acide chlorhydrique, tandis qu'un atome d'oxygène s'unit à 2H pour former l'eau ; 1 atome d'azote à 3 H dans l'ammoniaque, 1 atome de carbone à 4 H dans le protocarbure d'hydrogène. Cette différence d'aptitude à former des combinaisons, mesurée par le nombre d'atomes d'hydrogène qu'un atome de chaque corps peut fixer pour donner le composé qui ne contient qu'un atome du corps simple, a été appelée *capacité de combinaison* ou *valence de l'élément*. Le chlore est donc *monovalent* par rapport à l'hydrogène, tandis que l'oxygène est *divalent*, l'azote *trivalent*, et le carbone *tétravalent*, dans les combinaisons que nous avons envisagées. Les métaux se combinant difficilement à l'hydrogène, on a étudié plutôt leurs combinaisons avec le chlore, dont on peut déterminer les formules moléculaires, et l'on trouve que la plupart des métaux sont *divalents* ; quelques-uns, le potassium, le sodium, l'argent sont *monovalents* ; le bismuth et l'or sont *trivalents*, l'étain et le platine *tétravalents*.

La valence n'est pas un caractère invariable de chaque atome ; elle peut changer avec les combinaisons que l'on considère ; ainsi l'azote qui ne peut fixer que 3 atomes d'hydrogène, peut fixer, à la fois, 4 atomes d'hydrogène et un de chlore dans AzH^4Cl.

La valence ne peut donc être mesurée d'une façon absolue ; elle n'en est pas moins très importante à connaître, car elle permet souvent d'expliquer ou de prévoir les réactions et les propriétés des corps. Par exemple, si un élément reconnu comme trivalent par toutes les réactions connues fixe seulement un atome divalent, il devra lui rester une valence libre, et par suite le groupe formé tendra à fixer encore un atome monovalent ; il ne sera pas saturé et fonctionnera lui-même comme un atome monovalent, bien qu'il ne soit pas un corps simple : c'est ce que nous avons vu, par exemple, pour l'oxyde azotique AzO (127). Ces groupes non saturés constituent des *radicaux*, jouant le rôle d'un élément et pouvant se transporter tout entiers d'une molécule à l'autre.

La considération de la valence permet encore de prévoir les réactions et les combinaisons ; on comprend, par exemple, qu'on puisse dans une molécule remplacer un ou plusieurs atomes par d'autres ayant une valence équivalente sans détruire l'équilibre du système ; dans le méthane CH^4, nous avons vu (148) le chlore se substituer à l'hydrogène, atome à atome, et former des composés analogues

$$CH^3Cl, \quad CH^2Cl^2, \quad CHCl^3, \quad CCl^4 ;$$

on peut aussi remplacer les 4 H monovalents par 2 atomes d'oxygène, divalents, et l'on a CO^2, composé saturé, etc.

Ces considérations ont l'avantage de relier la chimie organique à la chimie minérale, d'expliquer provisoirement le groupement des corps autour de quelques types, et de permettre l'interprétation de la plupart des réactions qui paraissaient inexplicables avec les autres hypothèses.

TABLE DES MATIÈRES[*]

MÉTALLOÏDES

(*) On a marqué d'un astérisque les matières qui ne font pas partie du programme officiel de l'Enseignement secondaire des jeunes filles.